GOETHE
Business Book

ゲーテビジネス新書
008

その土地を買ってはいけない

せっかくのマイホームを
〝災害物件〟にしないために

山本　強
地盤ネットホールディングス代表取締役

幻冬舎

はじめに
——不動産市場のパラダイムシフトが始まる

みなさんは買い物をするとき、つい新しさや見た目で選んでしまい、失敗したことはないだろうか。

「見た目」と「中身」。どちらを重視するかはモノによって違うし、その人の価値観によるところも大きい。

スーツや靴といった身につけるものは、多少着心地や履き心地に難があっても、デザインを優先することはよくある。

クルマについても、少しくらい運転しづらかったとしても、そのフォルムや印象が重要な選択基準だという人は少なくない。

では、マイホームについてはどうだろう。

人気の分譲地に建てられたお洒落なデザイナーズハウスが気に入ったとしても、万が一の大地震で建物が傾く可能性があるとしたら躊躇《ちゅうちょ》するはずだ。

建物が傾いてしまえば、修復するために多額の費用がかかり、売ろうとしても大幅に安くしないと売れず、最悪のケースではそこに住む人の命にかかわる可能性もある。見た目だけで選ぶわけにはいかないのだ。

日本では、マイホームをはじめ不動産は基本的に、「建物はいくら」「土地はいくら」で評価し、それらの合計が取引価格となってきた。

建物の価格は、デザインや設備仕様が影響する。流行のデザインで最新の設備機器を備えた建物のほうがよく売れるからだ。また、築年数の影響も大きい。特に戸建て住宅の場合、築20年もすれば建物価格はゼロと査定されることが多い。

土地の価格は、立地や形状、周辺環境などで大きく変わる。都心や人気住宅地のほうが高く、また最寄り駅が同じであれば駅に近いほうが便利だということで高い。

従来、不動産もどちらかといえば「見た目」に左右されてきたといえるだろう。

しかし、今後も不動産の価格は、「見た目」で判断していいのだろうか。

近年のさまざまな自然災害において私たちは、普段、何事もなく平穏に見える土地が大地震や大雨の際、液状化や浸水、土砂崩れなどで一変してしまうことを何度も経験してきた。それは、地方の土地だけでなく、東京など大都市圏でも同じである。


土地の中身を調べる地盤会社の社長として、私はこれからの時代、不動産を選ぶにあたっては建物と土地の価格に、「地盤価格」を加える必要があると考えている。

この考え方はまだ、不動産業界や住宅業界では浸透していないが、個別の土地の地盤にかかわる災害リスク（地盤リスク）情報の提供や告知義務が整備されてきているなか、今後、間違いなく広がっていくはずだ。

消費者であるみなさんも、人生で最大の買い物であり、家族の命を守るマイホームについては、表から見える「見た目」や「新しさ」だけでなく、地盤という「中身」についてよく確認していただきたい。

不動産の価格は「土地＋建物」ではなく、「地盤＋土地＋建物」で考えてほしい。それも、地盤を第一に考えていくことが、安全なマイホームを買ったり建てたりし、その資産価値を維持し、家族の命を守る最大のポイントである。

これはまさに不動産市場のパラダイムシフトである。本書は、このパラダイムシフトについて、わかりやすくまとめてみたものだ。

最近の地盤災害から、地盤について知っておいていただきたい基本知識、新しい「地盤価格」の考え方、それをふまえた土地の選び方まで、順を追って説明してみる。

多くの方々に、地盤会社だけが知る不動産の本当の価値をお伝えできれば幸いである。

地盤ネットホールディングス代表取締役
山本　強

その土地を買ってはいけない――目次

第1章　土砂災害や水害は人災である

日本全国で毎年1000件も発生している土砂災害
浦安市の液状化に不思議はない
特定の土地の地盤リスクが簡単にわかる「地盤カルテ」
無償公開を決めた理由
「地盤カルテ」はここを見る
実際にはどんなスコアが出るのか?
震源から遠く離れた場所で震度5強の理由とは?
駅前の人気の土地に注意
地名は参考になるが注意すべきケースも
日本は世界有数の自然災害大国

第2章 これまでの不動産価格の問題点

地盤が注目されるようになったのはここ20年ほど
3つある不動産の評価方法

第3章 不動産価格を決める新しい方法

地盤改良と資産価値も別
自然地盤を大切にする重要性
不要な地盤改良は土地の価値を下げることもある

第4章 良い土地、良い地盤は自分で選ぶ

日本列島は「大地変動の時代」に突入
「首都直下型地震」で想定される被害状況
さらに巨大な被害が予想される「南海トラフ巨大地震」
政府の「国土強靱化戦略」が目指すもの
PDCAサイクルで取り組む
学校や地域で「地史」を学ぶ
地盤リスクの情報を日本人の常識に
「地盤革命」の第2ステージへ
すでに数々の取り組みが進行中

第1章

土砂災害や水害は人災である

鬼怒川の氾濫とその被害は予想できなかったのか？

２０１５年9月10日、台風18号などの影響で東日本の広い範囲で記録的な豪雨が観測された。

茨城県、栃木県、宮城県の３県でクルマに乗ったまま流された2名を含む8名が死亡したほか、栃木県から茨城県へ流れる鬼怒川の堤防が決壊。茨城県常総市では約1万２０００世帯、３万４０００人に避難指示・勧告が出され、一時、多くの人がスーパーや介護施設などに取り残された。

特に、戸建て住宅がいとも簡単に濁流に呑まれる映像は全国に衝撃を与えた。結局、家屋の全壊が76棟、半壊が４４２８棟、一部損壊が２２５棟、床上浸水と床下浸水が合わせて約1万２３５３棟にのぼった（２０１５年10月13日時点）。

記憶に新しいこの豪雨について、みなさんも「自然災害」の怖さを改めて実感したところだろう。
だが、私がこの災害の一報を聞いたとき、地盤業界に携わる者として、むしろ被害を防げなかったことへの後悔の念が頭をよぎった。地盤会社の社長という立場で、土地が抱える災害リスクを事前にもっと告知できていれば、被害を抑えることができたのではないか。特に、鬼怒川氾濫による被害は、単なる「自然災害」ではなく、「人災」という面もあるのではないだろうかと。

確かに今回の豪雨は、数十年に一度というレベルだった。しかし、問題は、鬼怒川の氾濫で被害を受けたエリアに住んでいた人たちは、そこが危険な場所であることを事前にきちんと知らされ、認識していたのかどうかという点だ。

もし、リスクを事前にきちんと知らされ、認識していたとしたら、そこに家を建てたり、土地を購入したりすることはなかったかもしれない。そうなれば、家が流されたり、屋根や電柱に取り残されて恐怖を味わったりすることもなかったかもしれない。

さらに、水が溢れた付近では、自然の土手が堤防の役割を担っていた。その自然堤防の一部を、民間の太陽光発電事業者がソーラーパネルを設置するために掘削しており、それが水害の要因になったのではないかといわれている。ソーラーパネル業者にはその土手が自然堤防である認識がなかったのかもしれない。

この民間業者に限らず、自然災害に関する正しい知識を持っている人間は少ない。不動産会社が、自分たちが販売したり仲介したりする土地の災害リスクを知らないケースもあるし、災害リスクについての告知や対策に関して行政の限界もある。

そうしたとき、生命と生活を守るため、消費者自らリスクマネジメントすることが求められているのではないだろうか。そして、そのための情報を提供できるのは、不動産会社でも行政でもなく、地盤会社なのだ。


土砂災害や水害は、ある日突然、発生する。あらかじめいつ発生するかを予知することは難しい。

しかし、予想される最大規模の自然災害が発生したとき、どれくらいの被害が生まれるかはあらかじめある程度、予想できる。その予想をもとに準備をおこなえば、自然災害による被害は大幅に減らせるはずだ。

もし、そうした準備をしていなかったとすれば、土砂災害も水害も一種の「人災」といっていいだろう。

人災とは、人間の不注意や怠慢が原因で起こる災害のことだ。人災の反対は天災であり、人災と天災を明確に区別することはできないが、テクノロジーが発達した現在、事前の準備不足は何の言い訳にもならない。

例えば、気象予報の精度はどんどん精緻になっており、台風の進路や雨雲の移り変わりなどはかなり正確にわかる。災害への対策も地盤改良など新たな技術がどんどん開発されている。追いついていないのは、人の意識だけだといってもいいかもしれない。

特に地盤や災害についての専門知識の欠如、つまりは無知によって人命が失われたり、大切な財産が損壊したりしている。

私は、地盤会社の社長として、そのような人々をなんとか救いたいし、きっと救えるはずだとずっと考えてきた。

まずは、その考えを持つにいたった私の軌跡を語ることで、みなさんが知らない事実への入り口にしたいと思う。

目指してきたのは「地盤革命」

私が、自然災害といわれているなかには、多くの人災が含まれているのではないかという考えを持つにいたった理由として、地盤会社の社長という立場が大きく関係している。

「地盤」というと耳慣れない言葉かもしれないが、戸建て住宅などを建てるための土地の表面だけでなく、目に見えない中身の部分も含めた言葉だと捉えてほしい。

私は1997年に、ある戸建て住宅向けの地盤会社に入社し、ひたすらに働いていた。だが10年ほど働き続けて、ある日ふと、地盤業界には「正義」がないのではないか、という疑念が生まれた。

というのも、通常、戸建て住宅を建てるためには、まずその土地が住宅を支えられるかどうか、地盤の強さを調べる地盤調査の必要がある。その結果に「問題あり」となれば、改良工事をおこなって、住宅を建てても耐えられる地盤を作りだす。

だが、その調査と工事を、同一の会社が請負うことが常態化していることに、疑問が生じたのだ。

例えば、ある住宅会社がどこかに家を建てるとしよう。住宅会社は、建てる家の設計図が完成してから、地盤会社に地盤調査を発注する。そして、地盤会社は現地に調査に行き、その調査結果と家のプランから、改良工事が必要かどうかを判断し、必要であれば工事までをワンストップで受注するのだ。

ここで、注目してほしい一つの事実がある。調査をしても数万円の売り上げにしかならないが、工事をおこなえば数十万円から数百万円の売り上げになる、ということだ。いってみれば地盤会社というのは、調査から工事までのワンストップ型の事業をおこなうにあたって、改良工事からの収益に依存せざるを得ない。改良工事をおこなわなければ収益があがらない、という構造があったのである。

恐らく当時、日本全国で建てられる戸建て住宅のうち8割ほどは「地盤の改良工事をしなければ家は建てられない」と地盤会社から言われていただろう。だが、その改良工事は本当に必要だったのだろうか。

戸建て住宅向けの地盤業界は、マンションなどとは異なり歴史が浅く、判定にも曖昧な部分が残り、まだまだ改革の余地がある業界だった。改良工事をおこなう基準も法律で明確に定められているわけではなく、地盤会社による裁量の余地が大きかったのである。消費者の不利益となる「過剰な工事」をなくしたい。私はそんな想いから一念発起して起業し、地盤ネットを２００８年に創業した。

創業当初のサービスは一つだけで、「地盤セカンドオピニオン」と名付けた。これは、「改良工事が必要」だと言われた戸建て住宅の地盤について、調査資料を送ってもらって、本当に改良工事が必要かどうかを再判定するものだ。

「本当にそんなに過剰な工事がおこなわれていたのか」と思われるかもしれないが、当初、我々が再判定したうちの実に80％以上が過剰な改良工事であるという結果が出た。

住宅会社も地盤に関しては専門外だから、今までは地盤会社の判定どおりに過剰な改良工事をおこない、当然それは住宅の販売価格の上昇につながっていた。「知らない」ことが、結果として消費者の不利益となっていたのだ。

改良工事がなくなれば地盤会社の主な収益源もなくなるわけで、当社に対する当時のバッシングや風評被害はひどかった。

しかし、２０１１年3月11日に発生した東日本大震災から、風向きが変わった。

震災後、仙台のとある住宅会社から、「今回の震災により戸建て住宅の地盤に不具合が多数出ているが、地盤ネットが改良工事は不要と再判定した物件は被害がなかった」と、喜びの声をもらったのだ。

これは不思議なことではなく、我々が地盤改良工事はいらないと判定した場所は、地盤がそもそも良かったから被害が最小限におさまったのだ。

こうした実績を積み重ねるうちに、「過剰な地盤改良工事を削減する」という理念が業界全体に広がり、２０１５年には「地盤セカンドオピニオン」における改良工事の不要判定率は55％となり、創業当初に比べて25ポイントも下がってきている。つまり、今までの悪しき習慣が是正され、業界全体の自浄作用が働くことで過剰な地盤改良工事が減ってきているのである。

過剰な地盤改良工事がなくなれば、住宅の販売価格に上乗せされていた改良工事のコストが削減される。それは、戸建て住宅の価格が安くなることを意味する。まさに「地盤革命」を起こすことができたといっていいだろう。

東日本大震災に見る「災害物件」の真実

東日本大震災は、日本の歴史に残る巨大な自然災害だった。その被害は甚大で、住宅会社だけでなく消費者からの相談も相次いだ。「地盤」という視点から見た、この大震災について語りたいと思う。

東日本大震災では死者・行方不明者が2万1935人（平成27年9月1日現在）にのぼったが、そのうち津波に巻きこまれたことによる水死が9割を占める。そのほか圧死・損傷死・焼死もほとんどが津波に伴う瓦礫によるもので、死者のほとんどは津波が原因といっていい。

津波の高さは地域によって違うが最高で16m以上、地形によっては標高40mの地点にまで達し、東北地方と関東地方の太平洋沿岸部に壊滅的な被害が発生した。岩手県内の津波による浸水面積は58㎢と東北3県では最も狭い。しかし、その狭いところに約11万人もの人が住んでいたことが被害を大きくした。

一方、宮城県の中南部は津波が来るまで地震の発生から1時間ほどあったが、水深が浅い沖合で津波の速度が落ちたため、後から来た津波が追いつき高さが増したといわれる。仙台平野の平坦な地形もあって、海岸から数キロ以上も内陸部まで浸水し、やはり大きな被害が出た。

自然災害とその被害は、当たり前ではあるが人が住んでいない場所では発生しない。人が住んでいなければ、例えば、がけ崩れや洪水があっても人的・物的被害はなく、ただの「自然現象」であるからだ。

海岸沿いの地域は、巨大地震においては自然現象としての津波は避けられず、そこに住んでしまうと「災害」が起こる。だからこそ、過去の災害履歴を知ったうえで住まいを選ばなければいけないのである。

さらに東日本大震災では、震源に近い東北地方のみならず、首都圏を含む広い範囲で地盤の液状化が発生した。

液状化とは、地下水を多く含む砂地の地盤が強く揺すられた結果、地盤が固体の状態から液体の状態に変化することだ。その結果、地中から砂や地下水が噴きだし、建物などは傾き、その後、地表は沈下してしまう。

東日本大震災では千葉県の千葉市や浦安市、東京都の江東区や江戸川区、神奈川県の横浜市、茨城県の潮来市、ひたちなか市などで、建築物の傾斜、水道・ガスの供給停止、道路・水田への土砂の噴出などの被害が発生した。

東京湾岸の埋立地は特に被害が目立ち、浦安市では市内の85％が液状化した。過去の地震に比べ今回は揺れが続いた時間が長く、大きな余震もあったことから、これまで液状化の危険度が比較的低いと認定されていた地域でも被害が発生したのが特徴だ。

液状化は繰り返し発生するケースが多く、将来、また大きな地震があれば液状化の被害が起こる可能性は高い。だが、不動産の売買時に災害履歴やリスクを告知する義務はこれまでほとんどなかった。

そしてもう一つ、住宅会社も知らない事実がある。地盤の「改良工事」は、必ずしも

「液状化対策」とイコールではない、ということだ。戸建て住宅の改良工事は、平時の建物の重さによる沈下を防ぐものであり、地震時の液状化による沈下は対象としていない。つまり、一般的な改良工事をおこなっても、地震による液状化被害は防げないのである。

被害コストは基本的に所有者負担

さらに重要なことは、自然災害の被害を受けて、建物の復旧費用がかかったり、土地の価格が下がったりした場合、その損害の負担がどうなるのかという点だ。

東日本大震災で液状化被害が多発した千葉県浦安市では、タウンハウスや戸建て住宅を分譲した不動産会社の責任を問う集団訴訟が4件、起こされた。

その一つ、同市入船地区のタウンハウス（30戸・36人）では、大震災の際の液状化で建物が傾いた。建物は木造3階建てで、基礎には「べた基礎」といわれる不同沈下（86ページ参照）に強いものを採用していたが、地盤改良工事はおこなわれていなかった。そこで、土地と建物を開発・販売した大手不動産会社と系列会社に対し、地盤改良や建物解体費用など約８億４２００万円の損害賠償を請求したのである。

第一審の東京地裁は２０１４年10月、住民側の主張を退け、請求を却下した。理由は、「被告（不動産会社と系列会社）は建物の建設当時、被害の発生を予測できなかった」からというものであった。

このタウンハウスの隣にある戸建て住宅（12戸・18人）の訴訟についても、東京地裁はやはり請求を棄却。理由として「これまで想定されず、予見されていなかった地震である」からとしている。

このように、自然災害で被害を受けた土地や建物は大きく値下がりしたり、復旧のために多額の費用がかかったりする。しかも、その損害は基本的に所有者が負担しなければならない。一生に一度の買い物であるマイホームがもしこうした状況になったら、大変なダメージになることは容易に想像できる。

マイホームを購入したり建てたりするとき、交通の利便性や生活環境などとともに、万が一の災害リスクを意識しておくことは不可欠である。

不安を煽ってばかりのようだが、これが「災害物件」の真実だ。

それでは、どうすれば安全な住まいを手に入れられるのだろうか。実際に、私が安全な住まいを手に入れた方法を紹介したい。

地盤会社の社長、不動産を買う

2013年8月、私は家族のためにマイホームの購入を決めた。今までの経験から安全な住まいを選ぶ自信もあった。そんななか、家族と相談しながら最初の候補として考えたのは、現在住んでいる場所とは異なる、過去に災害が発生していたエリアだった。

だが、東日本大震災での液状化の状況や、それによって家が傾くなどしたため当社に相談してこられた人たちの姿が頭をよぎった。安全を提供しているはずの地盤会社の社長が、被災するわけにはいかない。有事の際にこそ、多くの人に頼りにされるのが地盤会社だからだ。

そして、あることに気づいた。自分は「住宅地盤」のプロではあるが、実は「地盤災害」についてはまだまだ知らないことがあるということに。

なぜなら、液状化しそうなエリアかどうかなどは過去の経験からある程度わかるが、実際に買ったり住んだりする個別の土地がどの程度、土砂災害が起きやすいのか、浸水しやすいのかなどを簡単に判断するすべがなかったのだ。

このとき、過剰な地盤改良工事が存在するなど、消費者が「知らない」ことが余分なコスト負担をもたらすという、地盤業界の悪しき習慣と過去に戦ったことが役立った。災害リスクについても、「知らない」ことが余分なコスト負担をもたらすという、同じような構図が不動産業界にあるのではないかと気づいたのだ。

何事においても、消費者が詳しく知るすべがないということは、そこに不都合な「何か」が隠されている可能性が高い。

そこで、売主の不動産会社に災害リスクをたずねてみたが、今いち答えの歯切れが悪い。仕事上、付き合いのあった他の地盤会社や不動産会社、住宅会社の社長に相談しても、やはり実のある会話にはならない。

当時の私も含めてであるが、一般消費者からすれば不動産や住宅のプロだと思われている人たちですら、個別の土地について、その災害リスクを具体的に把握している人間は少なかったのではないだろうか。

だが、私にとって幸運だったのは、社内には地盤のプロだけではなく、報道番組などでも度々地盤や災害についてコメントしている理学博士や一級建築士、地質・地盤災害のプロがいたということだ。

さらに、当社が提携している一般社団法人「地盤安心住宅整備支援機構」には、学会等の一線で活躍する技術士、建築士のみなさんが在籍しており、地盤に関するシンクタンクとして、地盤や災害リスクに関する最新の調査・研究をふまえた技術面からのアドバイスをもらうことができた。


こうして、自分なりに災害リスクを解明していく過程で気づいたことがある。

実は、ある人たちは、個別の土地の災害リスクを知ったとしても、立場上、その情報を積極的に活用できていない可能性があるのではないかということだ。それは、不動産会社の営業マンや地方自治体の担当者である。

例えば、不動産会社は土地や建物を開発・分譲したり仲介したりするのが仕事だ。災害リスク情報を入手することが難しいうえに、自分が販売する土地や建物について、「ここに住むのは危険ですよ」とあからさまに言えるわけがないだろう。

地方自治体の担当者も、ハザードマップの作成などによって特定の場所が危険であることは十分わかっている。だが、あまり声高に「ここは危ないですよ」と言うと、地権者から「そんなことを言うと地価が下がるからあまり騒ぐな」と言われるし、地域のブランド力も低下すると考える。また、「そんなに危ないなら行政としてなんとかしろ」と突っこまれかねない。地方自治体は財政難などの理由から、そう簡単に災害に対する調査・対策の予算を確保できないので及び腰になってしまうケースも多いのだ。

このことに気づき、災害リスクに関する不透明性に危機感を抱いた私は、国土強靱化のプロジェクトに参加し、各省庁にも働きかける動きを進めた。その結果、災害リスクの専門家といえるほど知識を深めていった。

こうして、自分のマイホームについては、家族を守り、住宅の資産価値も保つために、縄文時代の貝塚があった数千年前からの高台で、江戸時代には武家屋敷があり、400年も前から宅地として使われていた場所を選んだ。

その場所は標高が28m程度で、皇居の吹上御所の標高と同程度であることから、万が一の災害に対しても安全な場所ではないかと思った。

安心な住まいを選ぶ方法

地盤の専門家であるとともに災害についても専門知識を深めた私が、どのように住まいを選んだのか。ここでそのノウハウを順を追って説明していこう。

まず、いくつか候補の土地を選び、その近隣の過去の地盤調査データを調べた。本業である戸建て住宅向けの調査（スウェーデン式サウンディング試験）の膨大なデータを分析することから始めたのだ。

次に、平坦な台地であれば水害のリスクが低いだろうと考えた。実際、標高が高い場所は、「浸水想定区域」には該当せず、自治体の「洪水ハザードマップ」で確認しても、浸水のリスクは低い。

さらに、東京では首都直下地震の可能性があり、地震での揺れやすさや液状化リスクについても考えた。

一般に、台地を含めた山地や丘陵は硬い地盤なので揺れにくい。また、液状化は緩い砂地盤で発生しやすく、低地や埋立地ほどリスクが高い。自治体が公表している「液状化ハザードマップ」などと照らし合わせることも有効だった。

このようにさまざまな情報から一つ一つ、災害リスクをチェックしていって、私は安心なマイホームを選んだのである。

しかし、こうした情報はまだまだ一般には知られていない。

ハザードマップや地形図は、素人にはわかりづらく、なんとなく「このあたりは危なそうだ」といった程度の話で済まされることが多い。消費者も、いつ起こるかわからない万が一のことを心配するより、つい日々の通勤や買い物の利便性のほうを優先してしまう。

先ほど説明したように、不動産会社や地方公共団体などが、災害リスクの情報を積極的に活用しにくい状況にあるという構造的な問題もある。

例えば、不動産の売買や賃貸においては、契約前に不動産会社が購入者や賃借人に、

「重要事項説明」という手続きをおこなうことが法律で義務付けられている。

ただ、この重要事項説明においては現在、災害リスクについては地震による滑動の可能性がある造成宅地、つまり「造成宅地防災区域」か、大雨などによる土砂災害に対する「土砂災害特別警戒区域」、あるいは過去の浸水履歴しか対象になっていない。

また、それらの説明といっても、法律にもとづく指定がされているかどうか、過去の履歴はどうかということだけであり、不動産業者もその意味を理解していないケースもあることから、どの程度危険なのかについては具体的にはわからない。

結局、個別の土地の地盤リスクは、自分で調べて自分で判断するしかない。自己責任として自分で地盤リスクを知り、自分で対策を講じなければならない。

私の場合は「地盤会社の社長だから」知りえた情報があり、それらの情報の意味や評価についても専門家のアドバイスを受けることができたが、一般消費者のみなさんにはそうした手段はほとんどない。

それが、私がマイホームを選んだときの一般的な状況だったのだ。

誰でも簡単に調べられる「地盤安心マップ」

しかし、実は現在、誰でも個別の土地の地盤リスクを簡単に調べることができる仕組みがある。

というのも、私自身、安全なマイホームを手に入れるための情報を得ることの難しさを痛感したので、これから土地や住宅を購入する人に向けて、それらを集めた情報をすべて無償で公開しようと考えたからである。

もともと、各省庁や地方自治体、研究機関・学会などは、災害や地盤に関するさまざまなデータを持っている。しかし、それらのデータは異なる場所に存在しているうえ、欲しいデータを得るのにも専門知識が必要であり、事実上、一般消費者にとってはアクセスできないという困難きわまりない状況だったのだ。

しかも、知りたかったハザードマップを見つけたとしても、紙ベースの白地図上に記載されている例もあるなど、調べたい土地がどこなのかを判別するのさえひと苦労である。

そこで、そのようなデータをすべて集め、住所を入力すれば誰でも簡単に知りたい情報を得られるウェブサービスを開発し、２０１４年5月「地盤安心マップ」として公開したのである。

よってここからは、この無料サイト「地盤安心マップ（http://www.jibanmap.jp/）」で得られる情報と、過去の災害事例を交えながら、説明していきたい。

一番簡単なのは「災害履歴図」の確認

次ページの図表1のように、「地盤安心マップ」では、「Google Maps」「Google航空写真」「地理院地図」「行政界」という4つの背景地図から一つを選んで表示し、その上に「旧版地形図」「航空写真」「標高マップ」「地形区分図」「災害履歴図」など16種類にのぼる地形地質・土地履歴・地盤災害に関する情報を重ね合わせて表示できる（地域・地図の縮尺によって重ね合わせ表示できる情報は異なる）。

図表1 「地盤安心マップ」の表示例

1）背景地図のみ

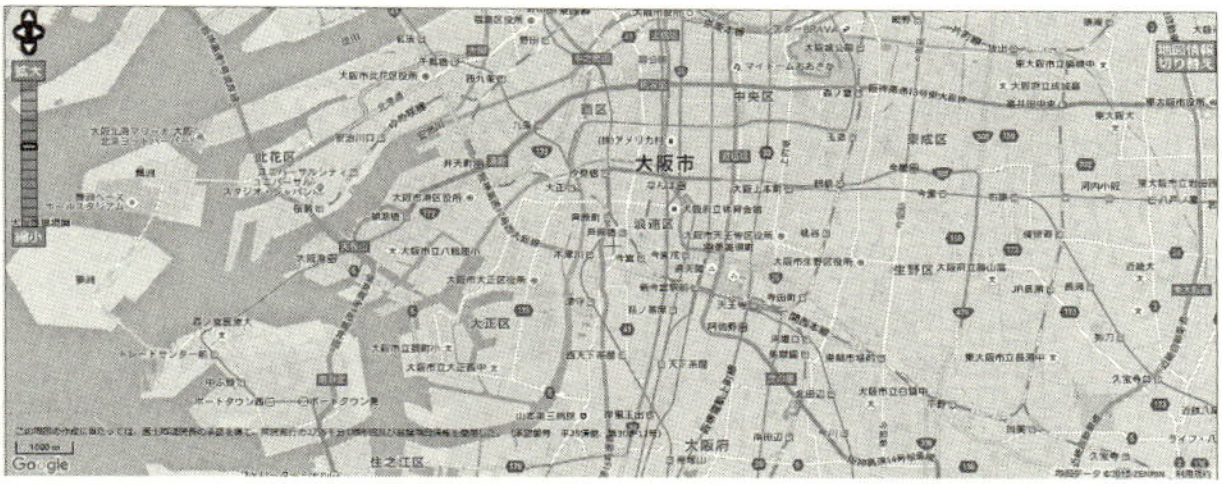

出典：地盤安心マップ

2）旧版地形図を重ね合わせ

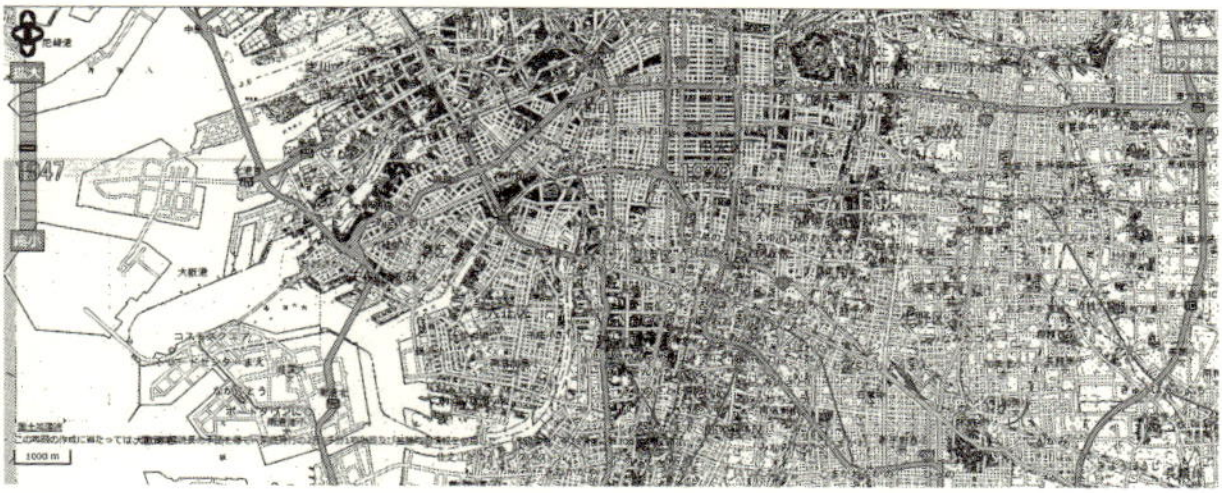

出典：地盤安心マップ

3）自治体液状化ハザードマップを重ね合わせ

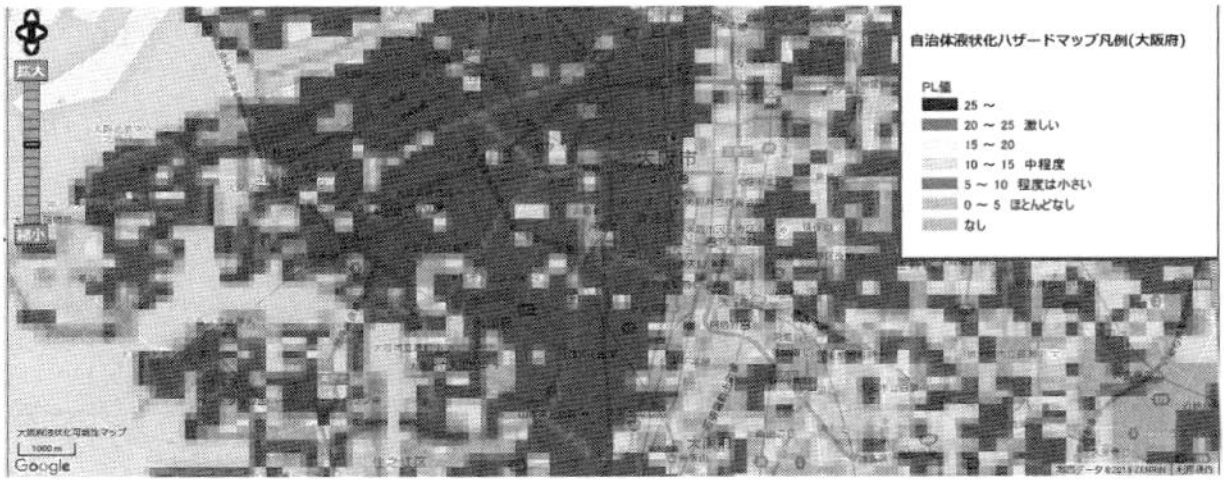

出典：地盤安心マップ

4）災害履歴図を重ね合わせ

出典：地盤安心マップ

自分の住まいや購入しようとしている土地が「災害物件」になりそうかどうかを判断するために一番簡単なのは、「災害履歴図」を確認することだ。

背景地図をある程度広い範囲に設定して「災害履歴図」を重ね合わせると、過去その範囲でどのような災害が起きたかが如実に示される。

例えば、江戸時代中期の1707年に発生した富士山の宝永大噴火では、火山灰が神奈川県や東京湾を超え、千葉県市原市まで8㎝も降り積もったことがわかる。

その他、東京都や埼玉県東部、愛知県名古屋市では過去に水害が多く発生しており、静岡県や広島県では土砂災害が多く発生しているといった地域ごとの傾向も把握することができる。

ある程度広い範囲でどのような災害が過去、多く発生しているかを知ることは個別の土地のリスクを判断するためにも、非常に有用である。

広島土砂災害は予言されていた

2014年8月の広島土砂災害の記憶はまだ新しい。

広島市西部の安佐南区と北部の安佐北区で降った1時間に最大約120ミリ、24時間では最大247ミリという猛烈な雨によって相次いで土石流が発生。安佐南区で68人、安佐北区で6人が巻きこまれて死亡し、負傷者も両区で44人、建物は全半壊361棟を含め約1529棟が被害を受けた。

災害が発生した翌日、当社の横山芳春・執行役員（理学博士）が某テレビ局の依頼で現地に飛んだ。そして、報道番組のなかで次のようにコメントした。

「被災地周辺は、花崗岩が風化してできた真砂土が積もった傾斜地であり、真砂土は大量の水を含むと土砂災害を起こしやすいことが知られています」

つまり、大雨になると危険であることは前からわかっていたのだ。

さらに、横山執行役員によると、被災地周辺は過去に何度も土石流が発生し、それによって土砂が堆積してできた地形だという。

自治体の担当者も、ハザードマップを作成する過程でこのエリアの危険性を認識し、ある程度の予想はできていたのではないかと思われる。

実際に「地盤安心マップ」で「土砂災害危険箇所マップ」を重ね合わせ表示し、確認すると、あたり一帯が土砂災害リスクのあるエリアとして指定されており、「災害履歴図」では、周辺で土石流が発生していることがわかる（図表2）。

事前に土砂災害リスクを知っていれば、豪雨が降ったときに、リスクのないエリアの避難所に逃げこむという選択肢も生まれたのではないだろうか。そして、リスク情報を知っている私たちがもっと告知していれば、少しでも被害を少なくできたのではないだろうか。

日本全国で毎年1000件も発生している土砂災害

広島土砂災害がそうであったように、被害の範囲は比較的狭いものの人命の安否に直結しやすいのが土砂災害だ。土砂災害はすさまじい破壊力を持つ土砂が、一瞬にして多くの

図表2　2014年広島土砂災害の発生場所の地盤状況

出典：土木学会中国支部

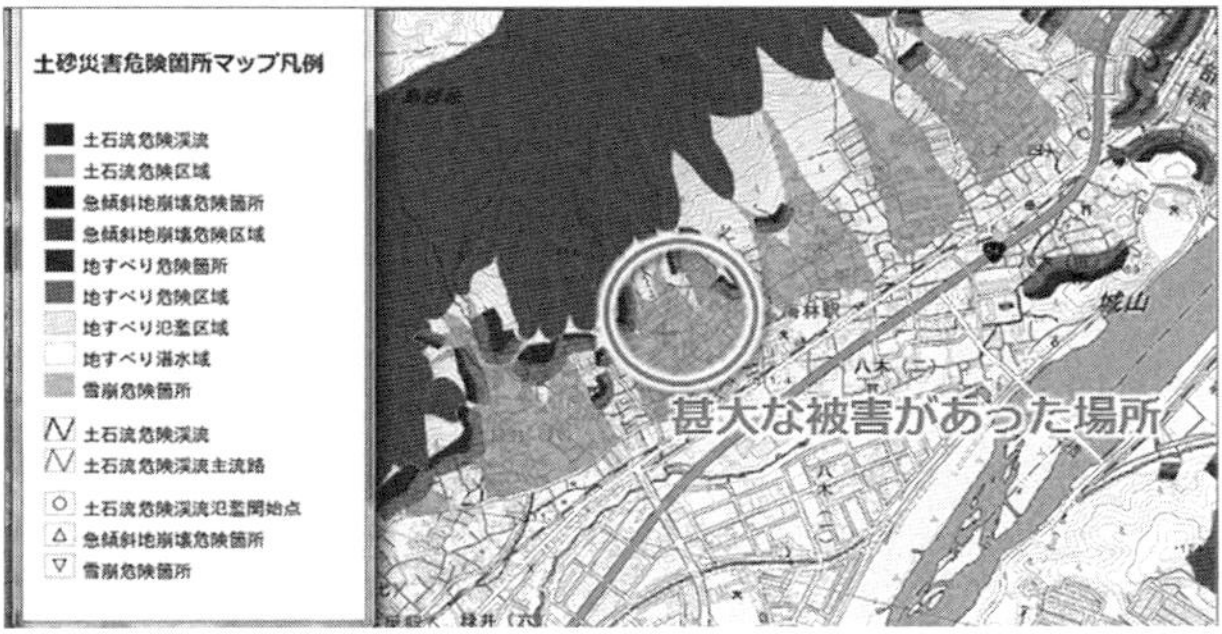

特に被害が甚大だったエリア（安佐南区八木三丁目・県営緑丘住宅付近）は「土石流危険区域」に指定されており、また山と被害エリアの境界部が「急傾斜地崩壊危険箇所」に指定されていることがわかる。
出典：地盤安心マップ

人命や住宅などの財産を奪ってしまう。

傾斜が急な山が多く、台風や大雨、地震などの多い日本では、地形や気象の面から土砂災害が発生しやすい。

過去10年間の土砂災害発生件数を見ると、平均して1年間におよそ1000件もの土砂災害が発生している。2014年の土砂災害の発生件数は1184件で、図表3は平成26年の各都道府県別の発生件数を示したものだ。これを見てもわかるように、ほとんどの都道府県で土砂災害が発生している。

国や都道府県では土砂災害を防ぐための対策をいろいろ講じているが、現在も土砂災害が発生するおそれのある危険箇所は、日本全国で約53万ヵ所あるといわれている。

土砂災害は山間部での発生が多いが、都市部でも起こり得る。

2014年10月には、台風18号の影響で横浜市内の各地で土砂崩れが発生し、中区野毛町の寺院と緑区白山の崖下の住宅で、それぞれ1人が土砂の下敷きとなり、死亡した。

横浜市内では1m以上の盛土《もりど》をする場合、法律にもとづいて擁壁を設置し、公共の下水管に排水を流せる設備を整備するといった安全対策を講じなければならない。

図表3　平成26年(2014年)の各地の土砂災害発生件数

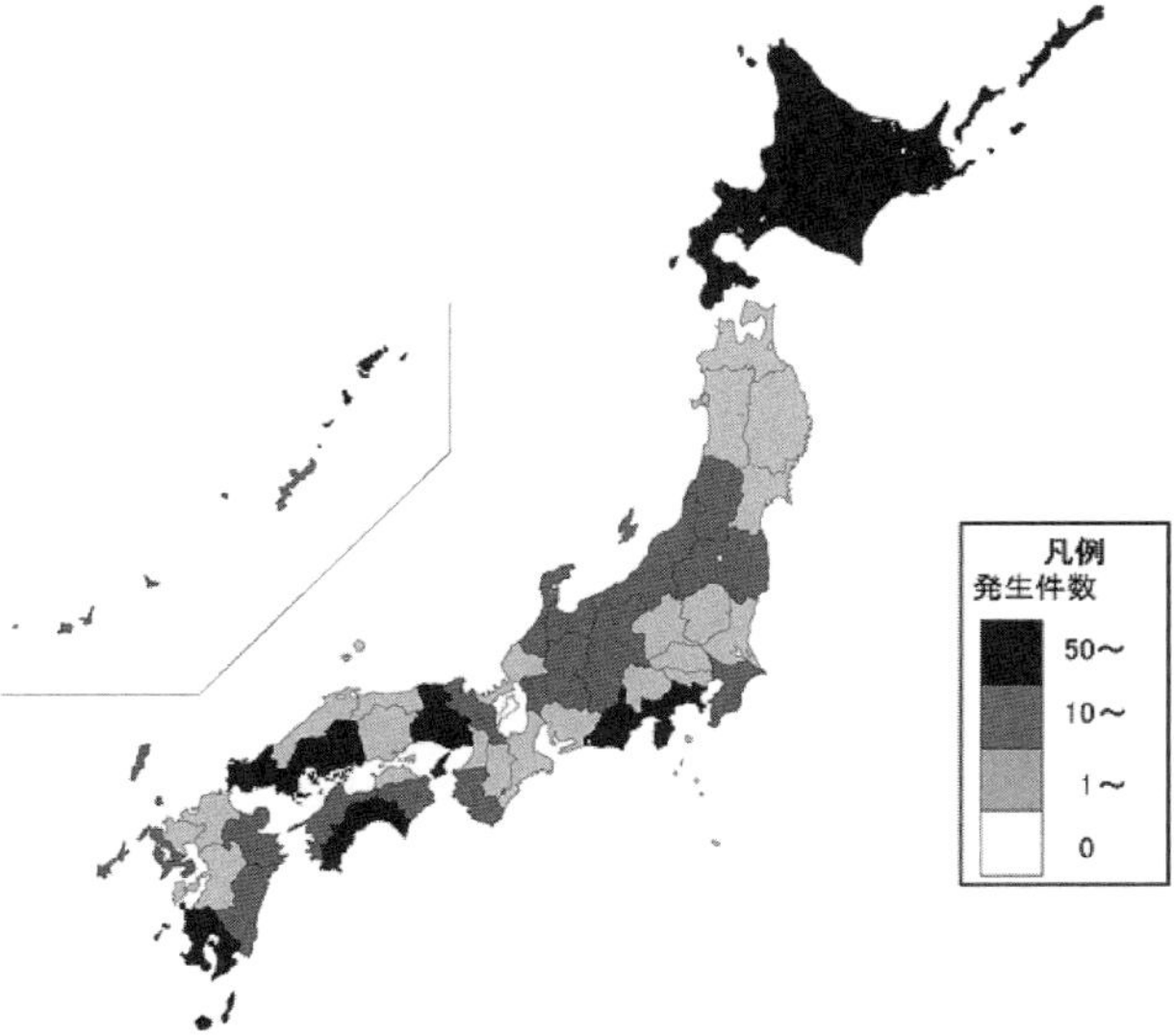

出典：国土交通省

しかし、緑区白山の崖地では、許可を得ずに盛土をしたとして2010年に横浜市が工事停止命令と是正勧告をおこなっていた。その後、一部の斜面で工事をしていたがストップ。4年近く放置されたままになっていて、結局、大雨でがけ崩れが起こった。

この緑区白山の土砂災害では、当社に専門家としての意見が欲しいと某テレビ局からの取材があり、当日、当社の伊東洋一・執行役員（一級建築士）が現場に向かった。

「住宅の裏手は15mの高低差がある崖でした。しかも、それほど高低差があるのに、斜面の崩壊を防ぐための擁壁も作っていない。ひと目見て、かなり危険だと感じました。今回の件は人災とも言えるのかもしれません」

これが伊東執行役員の率直なコメントだった。

このように、都市部でも土砂災害のリスクを抱えた場所は多い。横浜市内の場合、傾斜地を造成した土地が多く、横浜市の発表によると、危険度の高い崖地は203ヵ所もあるという。

浦安市の液状化に不思議はない

東日本大震災により「液状化」という言葉が一般的になってから、液状化リスクが気になるという人もいるだろう。

千葉県浦安市では市内の実に85％にあたるエリアで液状化現象が発生したとお伝えしたが、残り15％の土地で液状化しなかったのには、明確な理由がある。

自治体のハザードマップで浦安市を確認してみると、「液状化しやすい」エリアが多いことが確認できるが、なぜそのエリアが液状化しやすいのかまではわからないだろう。

そこで、「地盤安心マップ」において約80年前の古地図である「旧版地形図」および過去の「航空写真」を重ね合わせて比べると、15％の土地で液状化が発生しなかった理由がわかる（図表4）。

同じ浦安市の中でも、戦前から陸地だった場所がこの15％にあたる土地なのである。それに比べ、戦後になって海を埋め立てた場所は液状化リスクが高いのは当然だろう。

図表4　浦安市周辺の旧版地形図および過去航空写真

航空写真[現在]

現在の浦安市舞浜地区。

航空写真[約35年前]

約35年前、首都高速湾岸線ができた頃の地形が確認できる。埋立地として整備され、いまだ建造物が建てられていない区域も確認できる。

旧版地形図[約80年前]

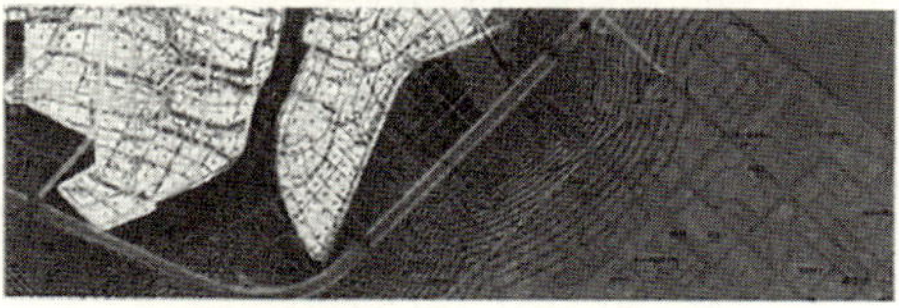

旧版地形図を表示することで、どの地域が埋立地なのかを確認することができる。濃くなっている箇所はかつて海だった区域である。

出典：地盤安心マップ

現在、かつての海岸は埋め立てて造成・区画整備され、もとの地形は覆い隠されてしまっている。見た目の「化粧」によって、地盤の良し悪しと連動するもとの地形は見えない。だからこそ、もともとどういう土地だったのかを「旧版地形図」で確認してほしい。

土砂災害と比べると、液状化現象によって人命が失われることは比較的少ないが、一方で液状化現象では建物などの資産価値が毀損する範囲は広い。そして、液状化現象によって家が傾くなどした場合、その修復工事には数百万円の費用が発生する。

多くの戸建て住宅では、家が傾く不同沈下という現象が発生したときのために、地盤会社の地盤補償がついている。だが、多くの地盤会社では、地震に伴う液状化による不同沈下は免責事項としている。

前述の浦安市における集団訴訟でも不動産会社の責任は裁判で認められず、修復にかかる数百万円の費用は住民の負担になった。地盤リスクを事前に知り対策をおこなっていれば、こうしたケースも救済されただろう。

地盤ネットでは実際に、東日本大震災以降、液状化にも対応できる地盤補償サービスの提供を開始した。しかし、住宅会社が導入しなければ、消費者はそんな補償があることを知る由もないだろう。

さらに、当社のように損保会社のバックファイナンスを整備している地盤会社はごく少数だ。

「大手の不動産会社・住宅会社だから安心」という考えから脱却し、自身の住宅の不動産価値を守るために、知識を得てほしいと切に願う。

特定の土地の地盤リスクが簡単にわかる「地盤カルテ」

地盤災害の話が長く続き、「安全な土地を選ぶことは難しい」と感じたかもしれない。

気象情報を例にするとわかりやすいが、天気図の等圧線を見ても一般の人はその内容を読み取り、そこから天気を推測することはできない。

しかし、天気予報として降水確率などの目安を示すことで、情報を気軽に活用することができるようになる（図表5）。

図表5　気象情報の活用例

〈予想天気図〉

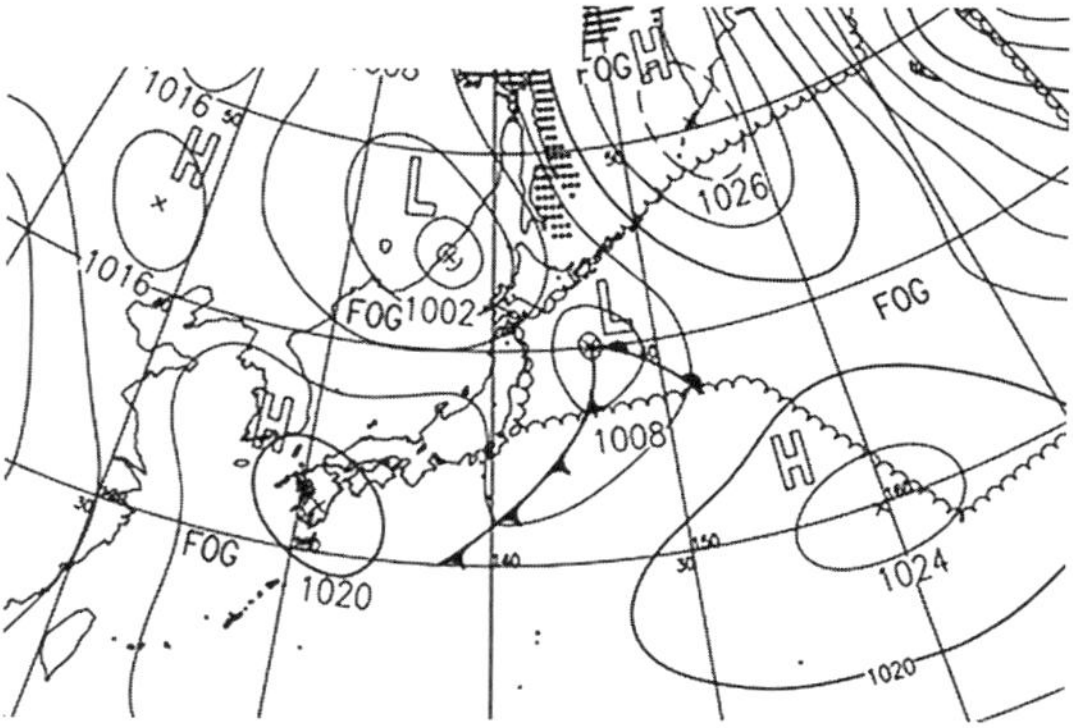

出典：気象庁 24時間予想図

〈降水確率〉

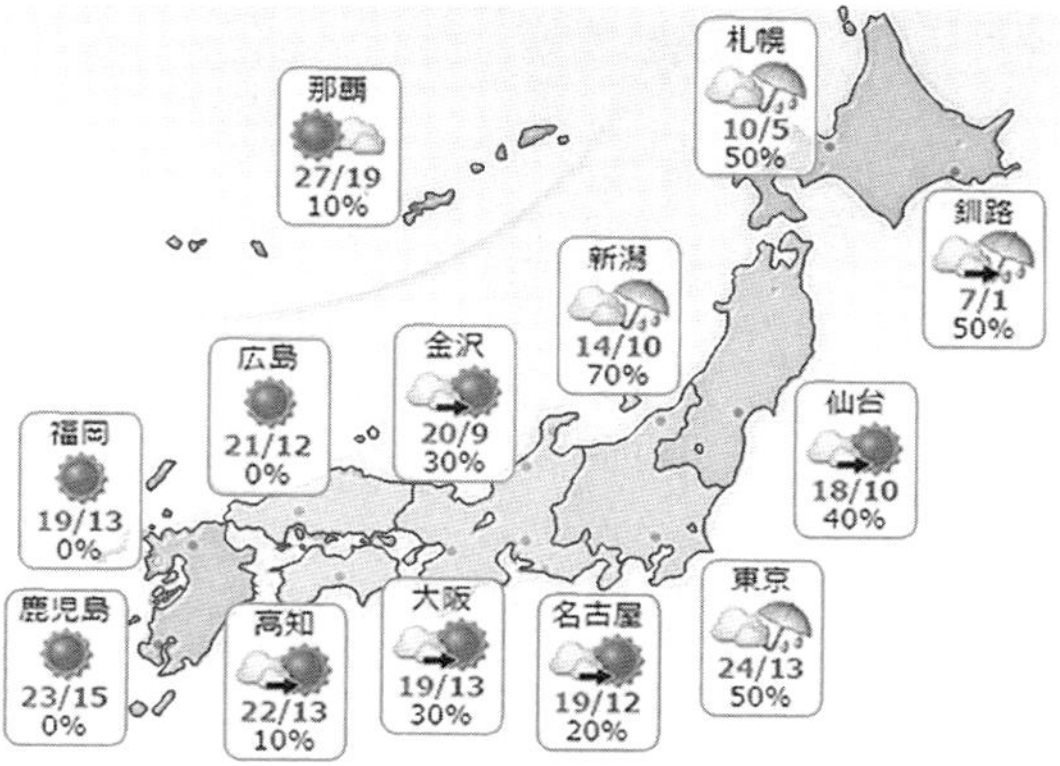

出典：YAHOO!天気・災害

もし、ハザードマップなどが難しいと感じたのなら、「地盤カルテ」を試してみてほしい。これも2015年1月に当社が公開した無料のサービスだ。さまざまな地盤情報から災害リスクを点数化し、その土地の安全性が100点満点で評価される、日本初のシステムである。

つまり、天気予報が降水確率や予想最低気温・最高気温などの目安を示すのと同じように、専門的な地盤リスクの情報をわかりやすくかみ砕いたもので、誰でも簡単にわかるようにしたのだ。

「地盤カルテ」では、住所等を入力するだけで、全国どこでも「改良工事率」、「浸水リスク」、「地震による揺れやすさ」、「土砂災害危険リスク」、「液状化リスク」の5項目の地盤・災害リスクの指標について、それぞれA4用紙1枚にまとめたレポートを無料で入手することができる。

自治体が発表しているハザードマップ等ではわかりにくい地盤・災害リスク情報について、各項目のスコアおよび合計スコアをわかりやすく点数化して表示しているので、専門的な知識がなくとも土地のリスク情報の概要を把握することができる。

液状化、揺れやすさ、浸水リスクは国土地理院などの公開されているデータをもとに、国土地理院によるハザードマップを作成するためのマニュアルを参考として評価している。標高、地形、地質についても表示しており、地形図・地質図を読み取れなくても把握することができる。

おかげで「地盤カルテ」の診断数は、リリースしてからすでに5万件を超えるまでになった（図表6）。テレビや新聞などでも取り上げられ、当社の看板サービスになっている。

無償公開を決めた理由

地盤や地盤災害に関する情報は多数公開されているが、専門的な知識のない消費者はもちろん、不動産会社にとってもわかりやすい情報にはなっていない。そのため、公開された情報は十分に活用されておらず、結果的に、地盤・地盤災害の情報が乏しいまま土地売買をしていたところに問題があった。

「地盤カルテ」は当初、有償のサービスとして開発を進めていた。しかし、有償にしたがゆえに、この情報が一般消費者に届かなくなってしまっては意味がない。そう考えて無償

図表6 「地盤カルテ」の診断数の伸び率

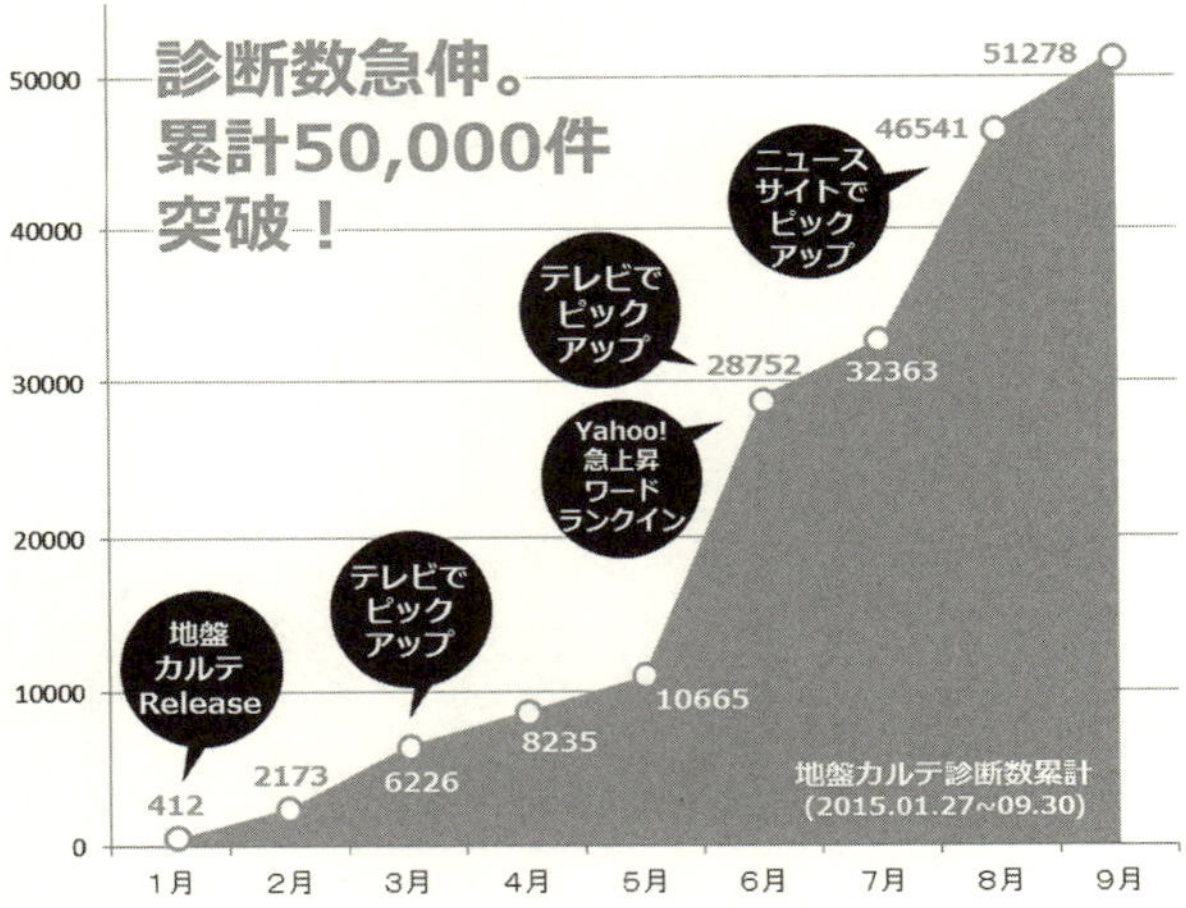

出典：地盤ネット

での公開を決めたとき、社内からは猛反対を受けた。

開発担当からは「他社では似たような情報を数万円で販売しているし、地盤カルテはそれ以上のサービスです。考え直してください」と懇願され、営業担当からは「このサービスなら、新たなキラーコンテンツになりますし、必ず売ってくる自信があります。なぜ無償公開にするんですか？」と責められた。

いずれも筋の通った意見だったが、普通、マイホームを買うというのは一生に一度あるかないかのことだ。だからこそ、後悔してほしくない。

最終的には「生活者の不利益解消という正義を貫き、安心で豊かな暮らしの創造を目指します」という当社の経営理念にもとづいて、無償公開を決めたのである。

「地盤カルテ」はここを見る

「地盤カルテ」の見方を簡単に説明しておこう。

まず、当社のホームページ上の申し込み画面で、調べたい土地の住所とメールアドレス等の必要事項を入力し、利用規約に同意して送信ボタンを押す。すると数秒で、指定のメールアドレスに「地盤カルテ」が届く。

「地盤カルテ」は56・57ページの図表7のようになっていて、次の5つの診断項目を簡単にスコア化したものだ。

A．改良工事率
対象地より3㎞圏内で当社の地盤調査解析による地盤改良工事の発生率を5段階評価したもの。

B．浸水リスク
洪水・氾濫の起きやすさの目安。台地や丘陵ではリスクが低く、低地や埋立地で高くなる傾向にある。

C．地震による揺れやすさ
地震の際に揺れやすいかどうかの目安。山地・丘陵などの硬い地盤は揺れにくく、低地・盛土地などの緩い地盤は揺れやすい傾向にある。

D．土砂災害危険リスク
地すべり、土砂崩れ、土石流などの起こりやすさの目安。
E．液状化リスク
地震の際に液状化が発生しやすいかどうかの目安。緩い砂地盤で発生しやすいことから、低地や埋立地で高くなる傾向にある。

さらに、総合評価として右記のA～Eの各評価にもとづいたスコアを100点満点で合計して表示している。これによって、誰でも簡単に土地のリスクがわかる。

実際にはどんなスコアが出るのか？

この「地盤カルテ」では、実際にどんなスコアが出るのかをいくつかの具体例でお見せしよう。

図表7 「地盤カルテ」のスコアチャート

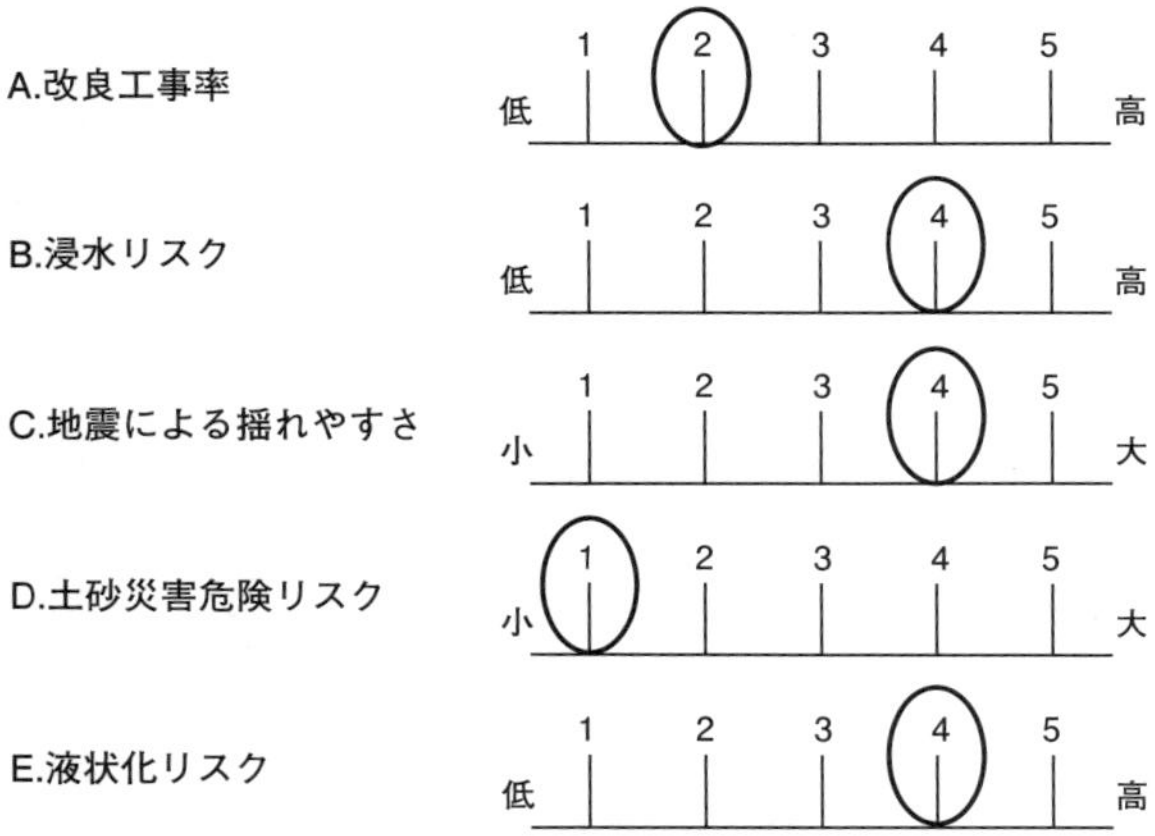

出典：
A. 地盤ネットによる対象地より3km圏内における地盤解析結果
B,C,E：土地条件図または20万分の1 土地保全図シームレスデータをもとに、国土地理院の「簡便な災害危険性評価手法」等を参考とした独自基準
D. 国土数値情報（土砂災害危険箇所データ）をもとに独自に評価

SAFETY SCORE	50/100

スコア数値は各種地盤情報をもとにして独自に算出したもので、地盤リスクの目安を示すものです。下記のチャートで地盤災害リスクの傾向を確認し、避難や防災の参考にすることをお薦めします。

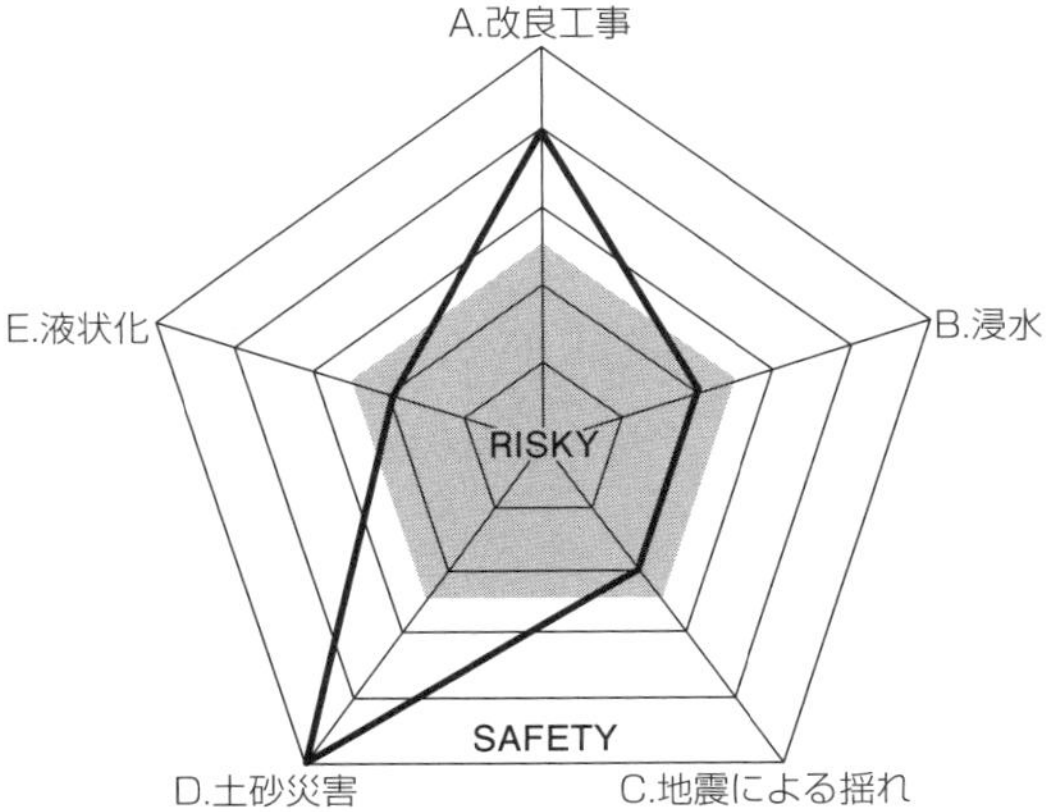

一つめは、２０１５年関東・東北豪雨で鬼怒川が決壊した茨城県常総市の浸水エリア内にある宅地のスコアだ（図表８）。周辺は川沿いにできた自然堤防と呼ばれる地形で、そこに盛土をして宅地としているところである。

この宅地は、平地にあるために「土砂災害危険リスク」こそ１と低いが、軟弱な地盤であるため「改良工事率」と「地震による揺れやすさ」は３である。

さらに注目すべきは、「浸水リスク」と「液状化リスク」が４になっていることだ。「地盤カルテ」の評価においては、４以上のスコアの項目については「RISKY（危険）」となる。

ふたつの項目で「RISKY（危険）」と出ている以上、この宅地に家を建てたり土地を購入したりするのは十分注意が必要だ。

ふたつめは、２０１４年広島豪雨において土砂災害が発生した広島市安佐南区の被災エリアにある宅地のスコアだ（図表９）。

周辺は堆積した土砂が中心の地質で、地形としては扇状地性の低地である。

この宅地は「改良工事率」が１、「地震による揺れやすさ」は２となっており、地盤が

図表8　茨城県常総市周辺の「地盤カルテ」

SAFETY SCORE	50/100

スコア数値は各種地盤情報をもとにして独自に算出したもので、地盤リスクの目安を示すものです。下記のチャートで地盤災害リスクの傾向を確認し、避難や防災の参考にすることをお薦めします。

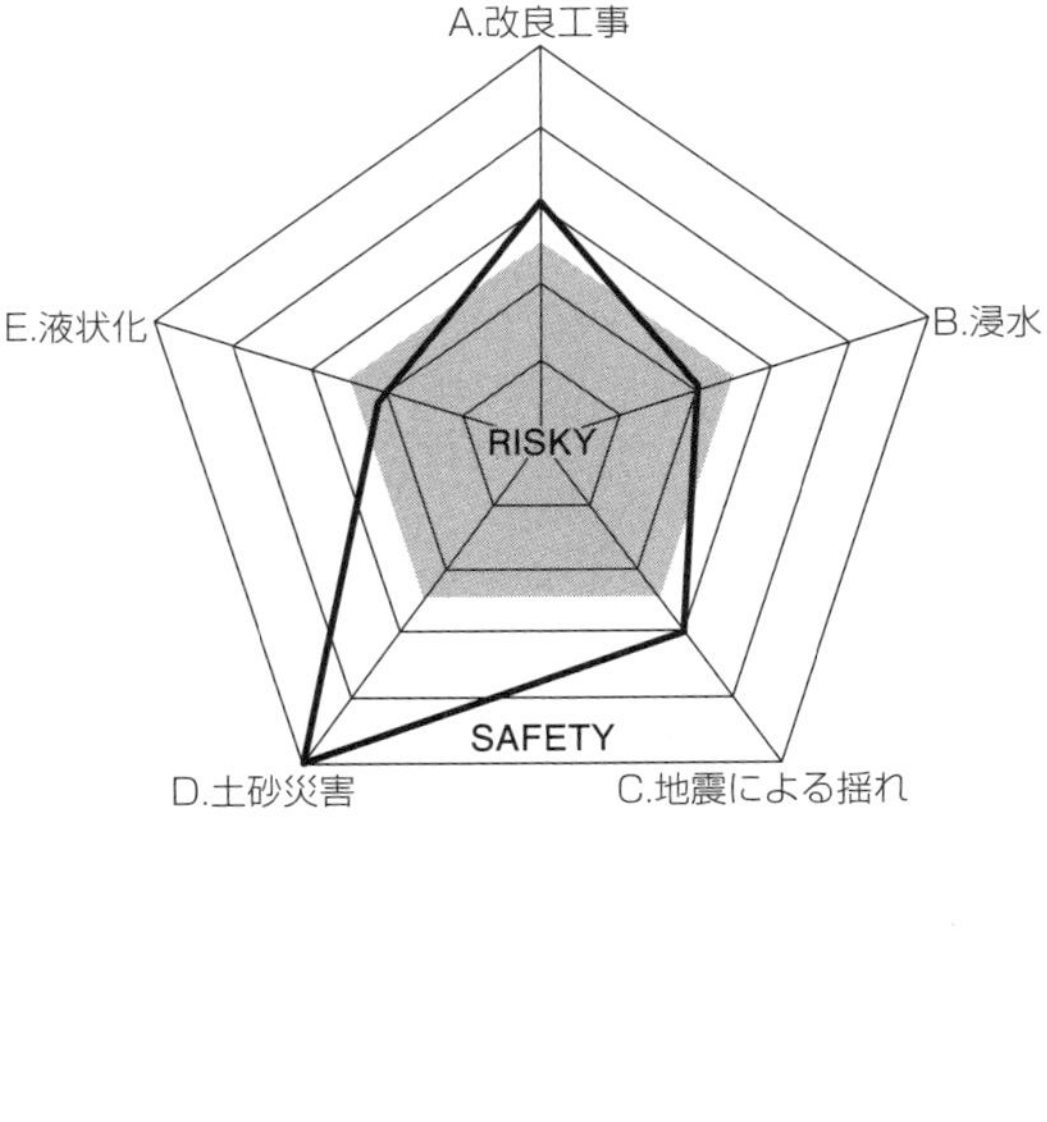

図表9　広島県広島市安佐南区周辺の「地盤カルテ」

SAFETY SCORE	55/100

スコア数値は各種地盤情報をもとにして独自に算出したもので、地盤リスクの目安を示すものです。下記のチャートで地盤災害リスクの傾向を確認し、避難や防災の参考にすることをお薦めします。

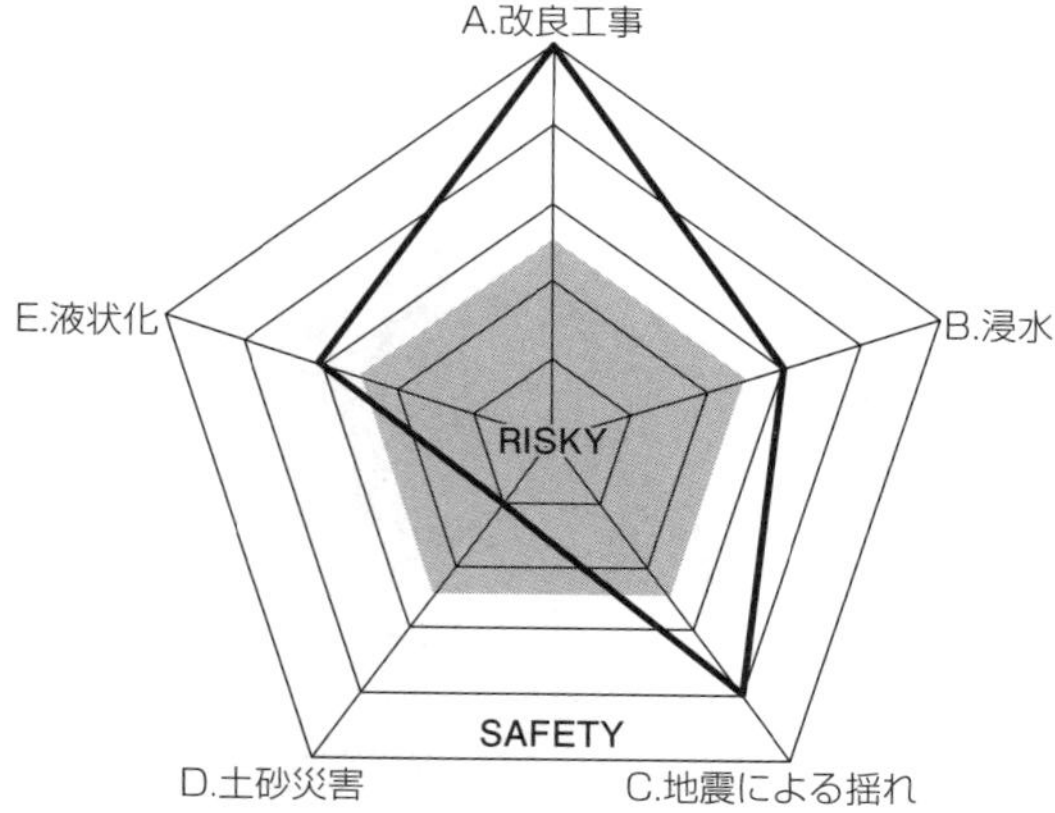

図表10　東京都新宿区周辺の「地盤カルテ」

SAFETY SCORE	80/100

スコア数値は各種地盤情報をもとにして独自に算出したもので、地盤リスクの目安を示すものです。下記のチャートで地盤災害リスクの傾向を確認し、避難や防災の参考にすることをお薦めします。

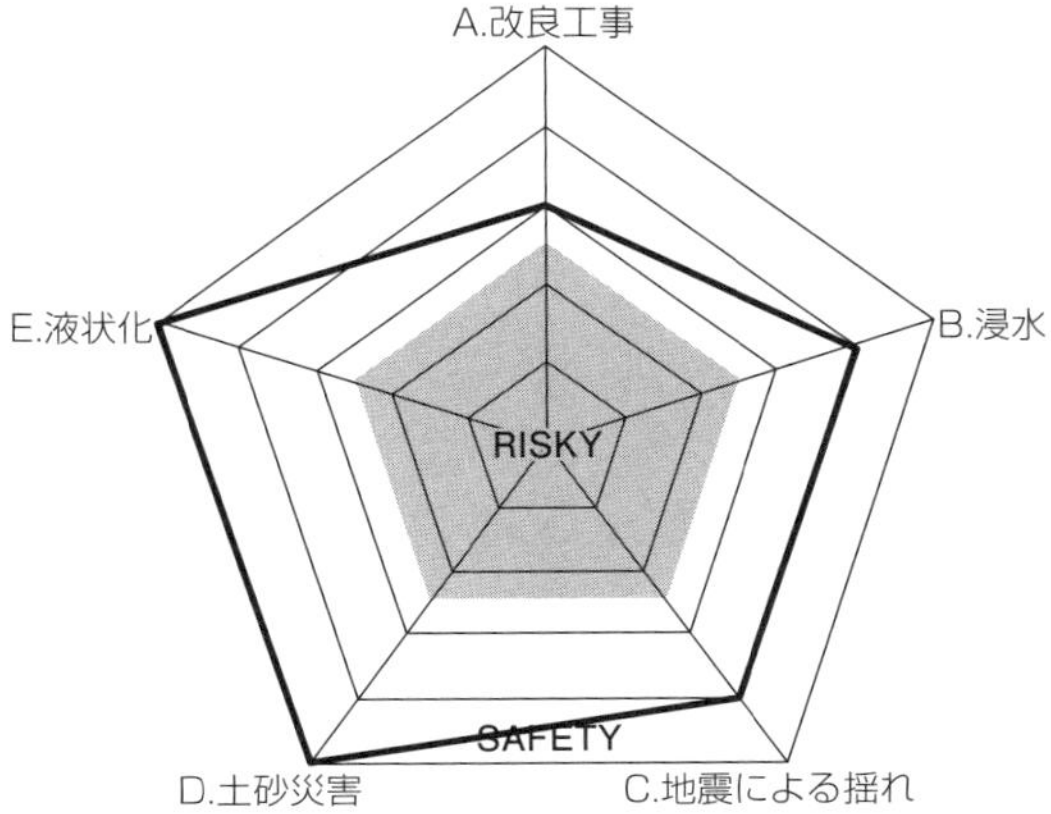

安定しているようにも見える。

　しかし、注目すべきは「土砂災害危険リスク」が5と、最大になっている点だ。この項目は地すべり、土砂崩れ、土石流などの起こりやすさを示している。土砂災害は特に生命の危険にもつながりやすい災害であるから、家を建てたり、土地を購入したりするにはかなり慎重であるべきだ。


　最後にもう一つ、私がマイホームを購入した場所である東京都新宿区の台地上の宅地のスコアを見てみよう（図表10）。

　こちらは「改良工事率」こそ3と平均的だが、「浸水リスク」と「地震による揺れやすさ」は2、「土砂災害危険リスク」と「液状化リスク」は1である。

　建物を建てるにあたって地盤改良が必要になる可能性が多少あるが、自然災害についてはほとんど心配がないといえる。

　このように「地盤カルテ」を見れば、その土地の自然災害に対するリスクが一目瞭然なのである。

震源から遠く離れた場所で震度5強の理由とは？

「地盤カルテ」には「地震による揺れやすさ」という見慣れない言葉があると思うが、これは地震による建物の被害と密接に関係している。

2015年5月に、小笠原沖を震源とするマグニチュード8・1の地震が発生した。マグニチュード8・1というのは、1923年の関東大震災（マグニチュード7・9）や1995年の阪神・淡路大震災（マグニチュード7・3）よりも大きい。

ただ、震源が地表から682㎞という大変深いところだったため、首都圏の多くでは震度4程度で済んだ。そんななか、震度5強を観測したのが、震源に近い小笠原村（母島）と神奈川県二宮町であった（図表11）。

「震度4」では電灯などが大きく揺れ、すわりの悪い置物が倒れる程度だ。しかし、「震度5強」となると、物に摑まらないと歩くのが難しく、棚にある食器や本が落ち、固定していない家具が倒れたり、ブロック塀が倒れたりする。

図表11　2015年小笠原沖地震での各地の震度

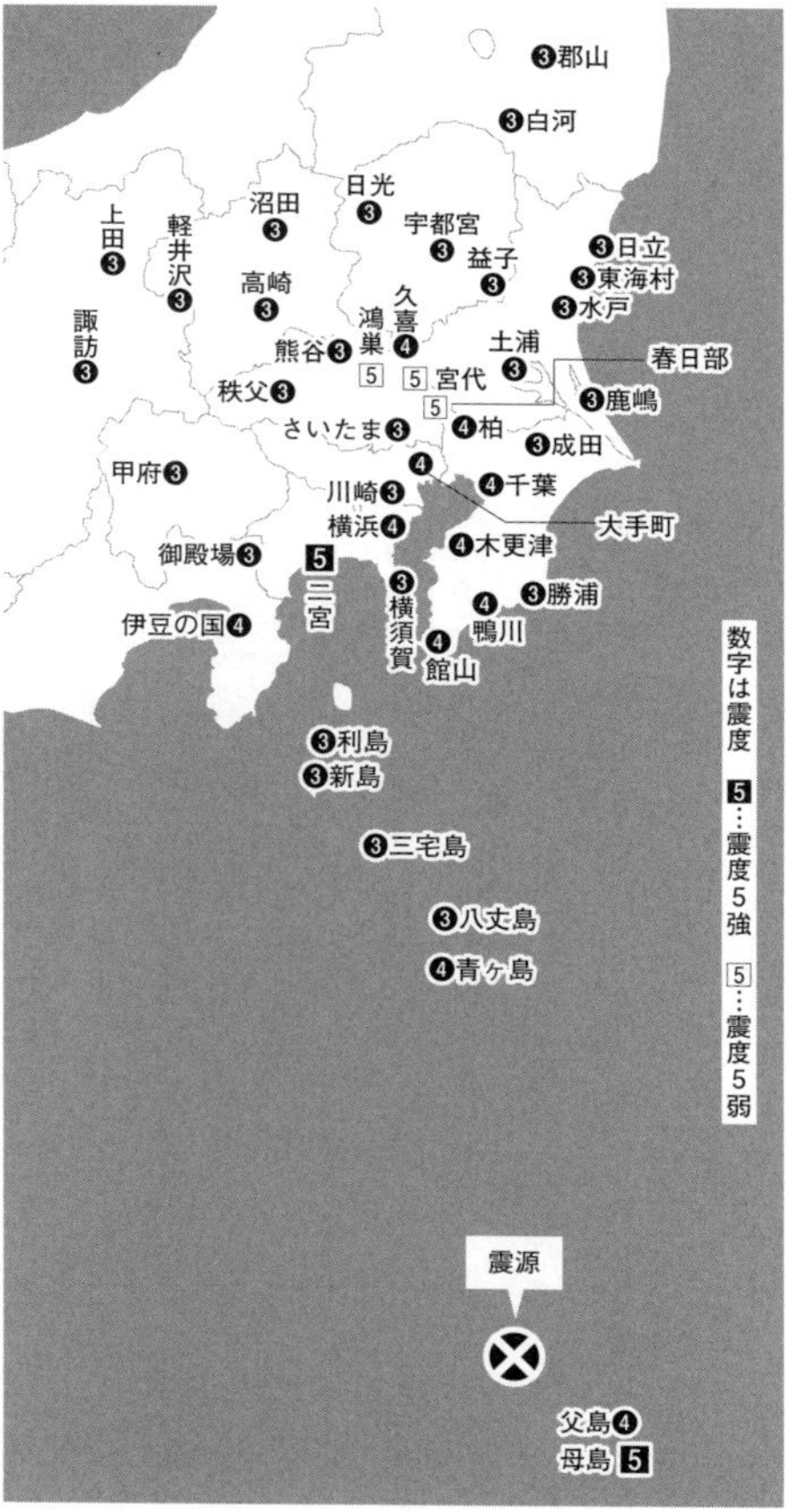

出典：日本気象協会

震源にほど近い小笠原村はともかく、なぜ本州で唯一、二宮町のみでそれほどの揺れを観測したのか。

実は、同町の地震計が設置されている消防署はもともと水田だったところで地盤が軟らかく、そのため大きな揺れを観測したのだ。

二宮町では、同じ町内で「そんなに地震は感じなかった」と言う人もいた。地震における地表の揺れは地盤の硬さによって異なり、狭いエリアの中でも地盤の硬さによって揺れやすさが大きく違ったりする。

具体的には、埋立地、盛土地など、軟弱な地盤で揺れが大きくなる傾向がある。例えば、普通の地盤であれば震度4だった揺れが、軟弱な地盤では震度5強となるケースもある。当然、被害の程度も大きく変わってくるのである。

駅前の人気の土地に注意

さて、家族を守り、住宅の資産価値も保つために、安全なマイホームとして私が選んだ場所を覚えているだろうか。縄文時代の貝塚があった数千年前からの高台で、江戸時代には武家屋敷が建っていた、400年もの昔から宅地として使われていた場所である。「地盤カルテ」で調べたところ、80点というスコアであった。

この場所を選ぶにあたって、さまざまな面から安全性を考慮した。浸水リスクや液状化リスクのない標高が高い場所かどうか、災害履歴がないかどうか、昔から宅地として利用されてきた土地かどうかなどである。

さらに、貝塚がつくられる地域は、関東平野の低地に海が広がっていた縄文時代の温暖期から台地上にあり、安全な居住地であった場所が多い。また、天皇皇后両陛下のお住まいである皇居・吹上御所の標高と同程度かそれ以上の平坦な台地上であれば、都内では災害リスクが低い傾向がある。こうしたことも判断材料とした。

もう一つ私が意識した、誰も知らない「災害物件」を引き当てないポイントは、「駅から徒歩10分以上」という条件で探すことだ。

意外に思われるかもしれないが、駅の近くや学校周辺など、いわゆる人気の高い土地は、地盤が弱いことが多い。

鉄道を敷いて駅をつくったり、広い校庭のある学校をつくったりするにはまとまった土地が必要だ。そこで、昔から建物が建ち並んでいる場所ではなく、低湿地であったり水田や溜池だった場所を新たに埋め立てたりしたケースが多いのだ。

東京の地形図を見ると、八王子のあたりからずっと続く武蔵野台地が西から張りだしてきて、その東端に沿うように東海道本線や東北本線が通っていることがわかる。

明治になって鉄道を敷設しようとしたとき、水運との関係性に加えて騒音や火の粉、煙が出るといったこともあったのだろう。当時の海沿いで人家の少なかったところに線路が敷かれたのである。

その後、駅前には人が集まり、商店や事務所が建ち並び、賑わいを増していった。それは決して、地盤が良いエリアだったからというわけではない。新しくできた町というのは昔から、低地で地盤が良くないことが多い。

地盤が良くない土地では地震の際、他に比べて揺れは間違いなく大きくなる。そのため、被害も大きいことが予想されるのだ。

地名は参考になるが注意すべきケースも

軟弱な地盤かどうか、地名からわかることがあるといわれる。

確かに、川や湖、沼など水辺を示す漢字（浜、浦、津、瀬など）、さんずいの漢字（波、清、洗、浅など）、低地を示す漢字（谷、沢、窪、溝など）、水辺に生息する植物や動物の漢字（稲、荻、鴨、鷺、鶴など）のついた地名は川や池に近く、基本的に標高が低い。

ちなみに、鬼怒川の氾濫で被害を受けた常総市の南部はかつて、「水海道市」という名前だったし、土砂災害の現場となった広島市安佐南区八木は以前、「八木蛇落地悪谷《やぎじゃらくじあしだに》」と呼ばれていたという。

しかし、今では逆に地名に「台」や「丘」といった標高の高い場所をイメージさせる漢字がついていても安心はできない。というのも、昔の人は危険を予見できるように「谷」や「波」といった地名を残していたのに、近年になって新しい地名がつけられているケースがあるからだ。

例えば、埼玉県越谷市のせんげん台は、「台」とついている。しかし、台地上にはなく低地にあり、もともとは近くを流れる新方川《にいがたがわ》の古称である「千間堀《せんげんぼり》」に由来する。

そのため、2015年の関東・東北豪雨の際には、東武スカイツリーラインのせんげん台駅で線路が冠水、列車の運転がストップした。

昔からの地名を変え、新しくイメージの良い地名にすることは、災害発生時に予測を上回る被害をもたらす可能性があり、それは一種の人災ともいえるのではないだろうか。

現在の地名だけで安心するのではなく、過去の地名を調べてみたり、やはり地盤リスクに関する各種情報にあたってみることが大事だ。

日本は世界有数の自然災害大国

振り返ってみると、日本列島では近年特に大きな自然災害が相次いでいる。大地震のほか、大雨による土石流や地すべり、河川の氾濫、火山の噴火などが次々と起こり、尊い人

図表12　世界大都市の自然災害指数

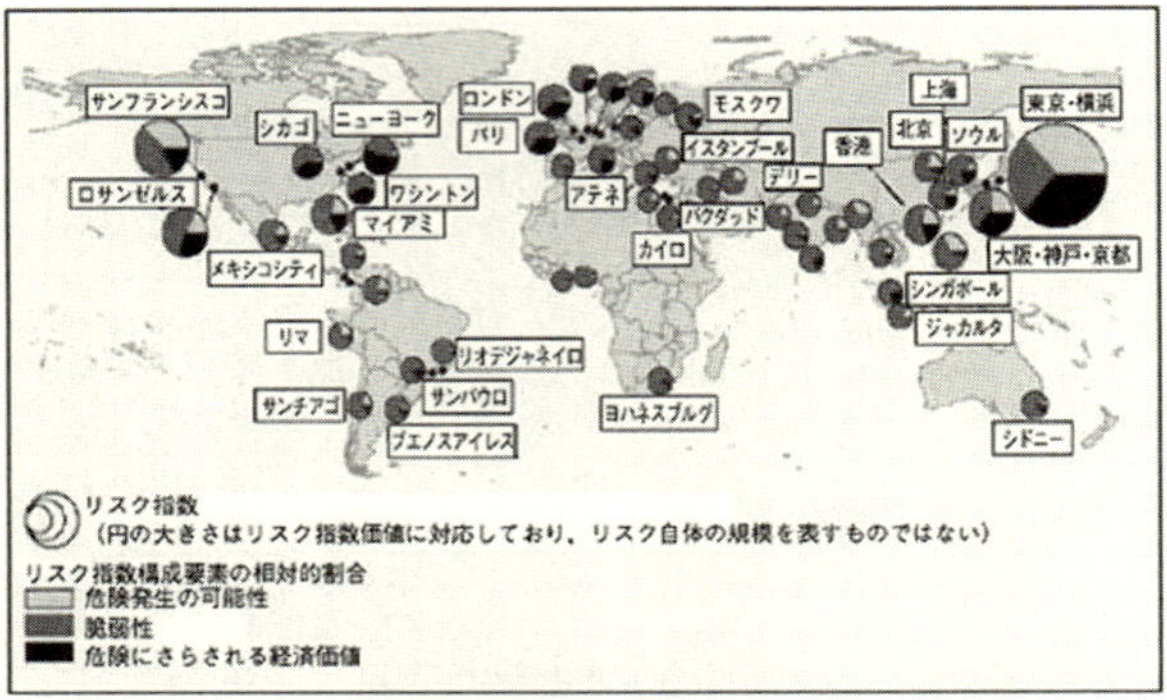

出典：ミュンヘン再保険会社アニュアル・レポートにもとづき内閣府作成

東京・横浜	**710.0**
サンフランシスコ	167.0
ロサンゼルス	100.0
大阪・神戸・京都	**92.0**
ニューヨーク	42.0
香港	41.0
ロンドン	30.0
パリ	25.0
シカゴ	20.0
メキシコシティ	19.0
北京	15.0
ソウル	15.0
モスクワ	11.0
シドニー	6.0
サンチアゴ	4.9
イスタンブール	4.8
ブエノスアイレス	4.2
ヨハネスブルグ	3.9
ジャカルタ	3.6
シンガポール	3.5
サンパウロ	2.5
リオデジャネイロ	1.8
カイロ	1.8
デリー	1.5

命や大切な財産が失われたりしている。

もともと日本は自然災害大国である。国土の広さは全世界の0・3%もないのに、マグニチュード6以上の地震の回数は全世界の18・5%、活火山の数は同7・1%、災害被害額は同17・5%を占めるとされる。

世界の大都市の自然災害指数（リスク指数）というデータを見ても、ほとんどの大都市が指数100以下なのに対し、東京・横浜は710と断然高い（図表12）。

当然、今後もさまざまな災害が繰り返し発生すると予想できる。

「こんなことになるとは想像もしていなかった」

「知っていたら住むことはなかった」

こうした言葉が災害のたびに繰り返されてきた。そろそろ行政も業界関係者も、そして私たちひとりひとりも、「想定外」を想定することを当たり前にするべきではないだろうか。

第2章

これまでの不動産価格の問題点

地盤が注目されるようになったのはここ20年ほど

振り返ってみると、日本の不動産市場ではこれまで、自然災害のリスクがあまりにも意識されてこなかった。戦後、自然災害が少ない時期があったことや、高度経済成長によって地価が右肩上がりで上昇したため、多少のリスクにはみんな目をつむってきたのだ。結果的に、不動産の価格は土地の利便性や建物のデザインなど、「見た目」の部分が優先されてきたといっても過言ではないだろう。例えば、人気の高い住宅地で駅から徒歩5分にある宅地と、郊外の住宅地で駅からバス便の宅地では、同じ広さでも倍以上価格が違うことは珍しくない。駅に近いほうが便利であり、買いたい人、住みたい人が多いからだ。

戸建て住宅の地盤が注目されるようになったのは比較的新しく、1990年代からである。1995年の阪神・淡路大震災をきっかけに建築基準法が改正され、また、2000年に施行された「住宅の品質確保の促進等に関する法律」（品確法）によって、戸建て住宅における地盤調査が実質上、義務付けられたのが大きな転機となった。

しかし、そこにも問題があった。法律上、改良工事をおこなうかどうかの基準は明確に定められておらず、実際の判断は地盤調査会社に委ねるしかなかったからだ。地盤調査会社は改良工事もワンストップで請け負うために、消費者と利益相反の関係が生まれ、当時は過剰な改良工事が横行していた。

地盤改良工事は数十万円から数百万円する高額な工事であり、家づくりの資金計画に大きく影響するのにもかかわらず、である。

今後は、地盤を正しく知ることで災害リスクがわかり、そのことによって不動産価格がより適正なものになり、必要に応じて適切な改良工事がおこなわれるようにしていかなければならない。

3つある不動産の評価方法

不動産の価格を評価する専門家として、不動産鑑定士がいる。不動産鑑定士が用いる鑑定評価には大きく分けて、「原価法」「取引事例比較法」「収益還元法」の3つがある。

「原価法」は、対象となる不動産をその時点でもう一度、手に入れるにはいくらくらいかかるかを調べ、築年数などによる価値の減少分を差し引いて計算するものだ。建物については、現時点でもう一度、新築するといくらかかるかがベースになる。土地については、購入費や造成費などがベースとなる。「これだけコストがかかったのだから、これくらいの価値があるだろう」という考え方だ。

「取引事例比較法」は、市場での取引事例を集め、比較対象として適切なものを選び、それぞれ必要に応じて修正をおこなう。「あの不動産がこの価格で取引されたのだから、こちらはこれくらいの価値だろう」という考え方だ。

「収益還元法」は、対象の不動産が将来生みだすであろう収益に注目し、それが今の時点でいくらになるのかを計算するものだ。「この物件は将来、これくらい儲かるのだから現状これくらいはするだろう」という考え方だ。

なお、収益還元法にはさらに、一定期間の収益（賃料収入など）を一定の利回りで割り引く「直接還元法」と、毎年発生する収益と最終的に売却する際の価格の合計を一定の利回りで割り引く「ディスカウント・キャッシュフロー法（DCF法）」がある。

地盤リスクはほとんど反映されていない

不動産市場での実際の取引でも、これら3つの考え方が用いられてきた。

新築マンションや建売住宅では通常、売主の不動産会社や住宅会社は土地代、建築費などのコストに利益を上乗せして価格を設定しており、これはまさに「原価法」だ。

中古住宅や宅地については、周辺の取引価格を参考にして売買がおこなわれており、「取引事例比較法」にあたる。

投資用不動産については、バブル崩壊後、外資系ファンドが日本のオフィスビルなどを買収した際、「収益還元法」を使って割安かどうかを判断したことから、日本の不動産業界でもこの評価法が急速に普及した。

しかし、いずれの鑑定評価法、あるいは不動産市場の取引でも地盤リスクについてはほとんど考慮されていない。

国土交通省が定めている「不動産鑑定評価基準」には、不動産の価格形成要因の一つとして「洪水、地すべり等の災害の発生の危険性」があげられている。

だが、今、目の前に顕在化していないそうした危険性（地盤リスク）をどのように建物価格や土地価格に反映させるか、明確な基準がなく、どう判断していいかはわからないのである。

不動産鑑定士に聞いてみても、「せいぜい地盤改良が必要な場合に、そのコストを考慮するくらいではないか」という答えしか返ってこない。

実際には、東日本大震災の際、地盤が液状化した東京湾岸の千葉県浦安市では、3割ほど地価が下落した地点もある一方、液状化による被害が見られなかった地区は下落率が比較的小さかった。

ここに実は、これまでの不動産価格の大きな問題が潜んでいるのである。地盤によって自然災害の被害の程度が異なり、いったん被害が発生するとそれが不動産の価格に大きな影響を及ぼすのに、そのことが取引価格に反映されていないのである。

「土地」と「地盤」はどう違うのか？

そもそも、なぜ土地によって自然災害による被害の程度が異なるのだろうか。「土地」「地盤」「地層」「地質」「地形」などいろいろ言葉はあるが、自然災害による被害を考える場合、重要なのが「地盤」という言葉だ。

「地盤」と聞いて、みなさんはどんな印象、イメージを抱くだろう。「土地のことを専門的に呼んだものじゃないの？」とか「地盤というんだから地層と同じような意味じゃないのかな?」と言う人もいるだろう。

「地盤」とはビルや住宅など建物を支えている土地のことだ。土地の上に建物などを建てることで、初めて「地盤」という言葉が使われる（図表13）。

つまり、地盤は土地と建物などをセットで考えるものだ。「地盤の良し悪し」という場合も、厳密にはどんな建物を建てるのかによって判断基準が違ってくる。


なお、地盤には「自然地盤」と「人工地盤」の区別がある。自然地盤は、人の手が加わっていない自然のままの地盤である。地形や地質を大まかに把握できれば、地盤工学の知識をもとに、ある程度の地盤リスクの評価やスクリーニングができる。

一方、人工地盤とは造成地のことである。臨海部の埋立地や台地・丘陵地の切土《きりど》・盛土が代表的だ。どのような工事をおこなったのか詳細な記録が残っていないと、その品質を的確に評価することは難しい。

図表13　建物、土地と地盤の関係

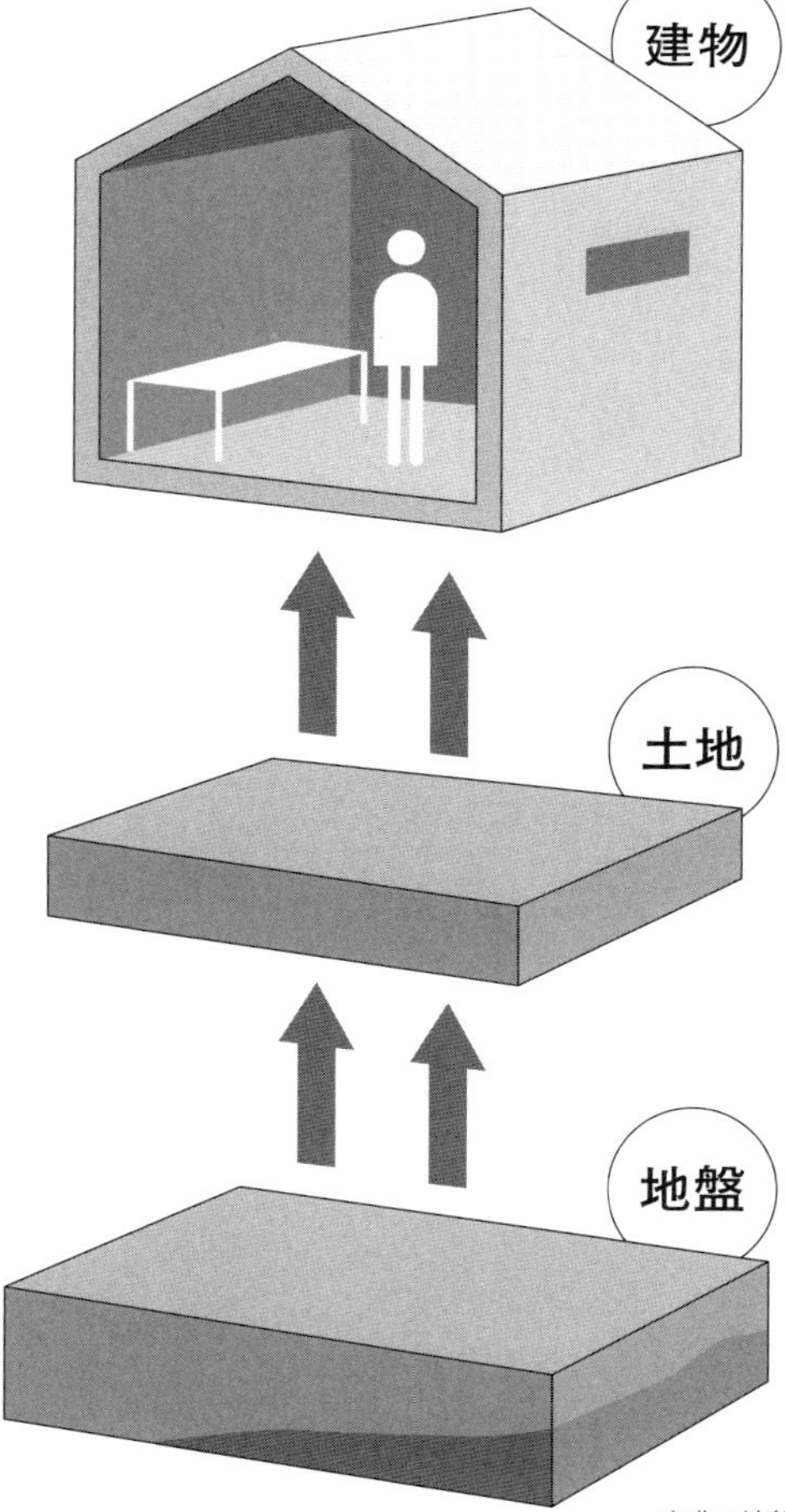

出典：地盤ネット

地形によって起こりやすい自然災害は違う

土の種類は、地形によって異なる。それが土地（地盤）の性質に影響する。地形を読むことにより、そこにはどんな土が多く、どんな土地（地盤）なのかが推定できるのだ。

地形の区分はいろいろあるが、大きくは、

・山地
・丘陵地
・台地（段丘）
・低地

に分けられる。低地はさらに細かく見ると、

・扇状地
・氾濫原
・三角州

などに区分される。

一般に、山地、丘陵地、台地では地盤は比較的しっかりしているが、傾斜が急な箇所では地すべり、斜面崩壊、土石流などが起こりやすい。

低地は標高が低いので洪水や津波の被害を受けやすく、特に氾濫原と三角州は土の種類が軟らかい粘土や緩い砂が多く、土地に含まれる水も多いので沈下したり、地震の際には液状化が起こりやすい。

こうして長い年月をかけてつくられた地形によって、起こりやすい自然災害がある。ただし、まったく災害のない地形はない。どこでも、何らかの地盤災害は発生し得る。確率の高低や対策の有無で違いが出るのだ。

地盤の良し悪しの目安となるN値

地形と地質によって、それぞれの土地の性質は異なる。さらに、どんな建物を建てるかによって地盤の良し悪しが変わり、その目安となるのが「N値（エヌ値）」と呼ばれるデータだ。ぜひここで、N値のことを理解しておいていただきたい。

N値はボーリング調査でおこなわれる「標準貫入試験」で得られる値のことだ。簡単にいうと、一定の重さのハンマーを一定の高さから繰り返し落とし、先端が地中に30㎝貫入するために必要な回数を数える。その回数がN値だ。

硬い地盤では何度もハンマーを落とさないと30㎝貫入しないし、軟らかい地盤ならほんの数回で構わない。こうしてN値を調べ、そこに建てる建物の重さを支えられる地層がどれくらいの深さにあるかを判断する。

戸建て住宅の地盤においては、「標準貫入試験」ではなく「スウェーデン式サウンディング（SWS）試験」が一般に用いられるが、SWSにおいても、調査データをもとに一定の計算式によって換算N値を算出することができる。SWS試験は「標準貫入試験」に比べてコストが安く、より多くのポイントを調べることができるのが特徴だ。

こうしてN値を調べたうえで、建物の重さを支えられる地層がどの深さにあるかを判断する。この地層を「支持層」と呼び、それぞれの建物の基礎は支持層に届いていなければならない。

「支持層」も地盤を考えるうえで非常に重要なキーワードである。N値と一緒に覚えていただきたい。建物の基礎が支持層と接するところで、建物と地盤が「押し合い」をしていると考えればいいだろう。

この「押し合い」のバランスがとれるよう、特に建物の重さに負けない地盤（支持層）がどれくらいの深さにあるのか、また敷地の中でどのように広がっているのかなどを見極めることが重要なのだ。

地盤沈下で怖いのは「不同沈下」

建物と土地のこの「押し合い」のバランスがとれていないと地盤沈下が起き、建物に影響が及ぶ。

ただ、地盤沈下にもいろいろある。建物に大きな影響があり、怖いのが「不同沈下」だ。文字どおり、地盤が不均一に沈下することである。そのため上に建っている建物は傾いてしまい、床に置いたビー玉が一つの方向に転がったり、ドアや窓の開け閉めがしにくくなったり、ひどい場合は外壁や基礎にひびが入ったり、屋内にいると気分が悪くなったりすることもある。

一方、あまり問題ないのは「等沈下」といって、地盤全体が同じように沈むものだ。上に建っている建物も均等に沈むので、あまり影響がない。道路に対して宅地を高くするために少し盛土し、しばらくそのままほうっておいて、盛土の自重によって地盤が安定するのを待つようなケースだ。地盤が安定してから建物を建てれば、特に問題はない。

不同沈下が起こるいくつかの原因

不同沈下の原因にはいろいろある。

よくあるのは、傾斜地を造成した場合だ。傾斜地に建物を建てたり、道路を通したりするため斜面を削って平らな部分をつくる。これまでも「切土」や「盛土」という言葉を何度も使ってきたが、ここで改めて説明すると、もともとの斜面を切り取った部分を「切土」、逆に斜面に土を盛った部分を「盛土」という。

もともとの地山（自然地盤）である切土の部分に比べ、盛土の部分（人工地盤）はある程度時間が経ったとしても沈みやすい。切土と盛土にまたがる部分に建物を建てると、総2階などバランスのよい建物であっても盛土の部分が沈み、いったん傾くと建物の荷重がそちらにどんどんかかり、沈下が加速するのである。

また、地震で大きな揺れがあると、盛土部分が崩れたり、盛土を支えるために設けられた擁壁が崩れることにもなりやすい。

かつて水田や溜池だったような土地の場合、周囲よりも低いので土を入れて周囲と同じ高さにしなければならない。この場合も土を盛るので「盛土」となる。

「盛土」の部分はどうしても地盤が軟らかく、埋め立ててからしばらくは盛った土が自重で締まり、沈む。均等に沈めばいいが、盛土の部分が厚かったり、下の硬い地層が凸凹だったりすると不同沈下が起こりやすい。

地盤改良したケースでも安心はできない。地盤改良の一部が不十分だと、盛土と切土にまたがるように建物が建っている場合と同じように、てこの原理が働いてどんどん傾きがひどくなることがある。ただ地盤改良すればよいのではなく、地盤の状態に応じて、適正な工事をおこなう必要があるのだ。

さらに、宅地が開発された時期が好景気であったり、ビッグプロジェクトの準備が進んでいたりした時期などは、職人も材料も工期も不足しがちで、宅地としての質が低くなることがあり、注意が必要だ。

地盤リスクを考慮した不動産価格に

立地や地形、そして地盤の状態によって起こりやすい自然災害のパターンがあり、また不同沈下のような地盤そのものに由来するリスクもある。

本来、不動産の価格には、こうした地盤リスクが反映されるべきなのだが、土地によっては地盤リスクが顕在化する間隔が長い。数十年から１００年以上というケースもある。そのため、地盤リスクが高い土地を開発・分譲したり仲介したりする不動産会社のなかには「まあ、当面は大丈夫だろう」と考え、本来は慎重におこなうべき対策を安易に考えていたりする会社もある。行政も、予算に限りがあるし、あまり危険だと騒ぎすぎてもオオカミ少年になりかねないので腰が引ける。消費者もつい、「自分が生きている間には起こらないだろう」と考えがちなのだ。

しかし、どんなに間隔が長くても発生することが予想されるのであれば、それを確率的に換算することはできる。例えば、ある自然災害が「向こう30年間に発生する確率が50%」と予測されるのであれば、その自然災害による被害の程度を推計し、現在の価格に反映させることは可能だ。

災害リスクをまったく考慮しない不動産価格には、歪みがあるといっていい。現在、市場でついている不動産価格を、なるべく早く地盤リスクを反映したものにするべきだというのが私の考えであり、そのような提言をおこなうつもりである。

地盤のことは地盤会社に聞こう

地盤は地表からは見えないし、どのような状態かは専門的な調査と診断が必要だ。また、そこに建てる建物の規模や構造によっても、地盤をどのように判断するかは変わってくる。

従来、「ここの地盤はどうですか」といった質問を住宅会社や不動産会社にする人が多かったと思われるが、住宅会社や不動産会社でも地盤については専門外でよくわからないことが多いというのが実情だ。

それに、不動産を分譲や仲介する際、ごく一部のケースを除いて地盤の危険性について買主に説明する義務はないし、また口頭で間違った説明をしても責任を取ることはほとんどない。

不動産会社のビジネスモデルは、単純化すれば、土地をなるべく安く仕入れ、それを造成したり、上に建物を建てたりして高く売ることである。そのため、いったん仕入れた土地について、利益相反となるような、災害リスクを積極的に調べ、発信するという動機が働きにくいこともある。

行政も、いったん災害が起これば別だが、前もってあらゆる災害リスクについて調査し、対策をとるだけの予算を確保することが難しいケースもある。また、地権者に遠慮して、土地の価格が下がるようなことを声高に言うわけにもいかない。

それに対して我々は、地盤会社だからこそ、利益相反のない第三者的な立場でリスク情報や地盤情報を伝えることができる。
「地盤会社」という存在をぜひ知っていただきたいし、注目していただきたい。

第3章

不動産価格を決める新しい方法

地盤リスク＝災害リスクを評価する際の注意点

第1章では多発する自然災害と、その不動産価格への影響などを見た。第2章ではこれまでの不動産価格の問題点を指摘した。土地を購入したり、土地に建物を建てたりしようとする場合、あらかじめその土地の地盤リスクをチェックすることがいかに重要か、おわかりいただけたかと思う。

本章では、具体的に地盤リスクを考慮した不動産価格をどのように評価したらいいのか、基本的な考え方を説明してみよう。

まず、地盤リスクを評価する際の注意点を4つ、あげておきたい。

第1に、地盤リスクは場所、そこに建てる建物の規模や大きさ、用途、予算などで変わる。例えば、マンションを建てるのと戸建て住宅を建てるのとでは、地盤に求められる地耐力や支持層が異なる。地盤について良い悪いといっても、必ずしも共通の評価基準があるわけではない。

第2に、戸建て住宅で行われるスウェーデン式サウンディング試験などの地盤調査は、建物をその地盤の上に建てる際の安全性を調べるためのもので、地震の際の揺れやすさや浸水リスク、土砂災害リスクなどを判定するものではない。地盤調査の結果が良かったからといって、地盤災害リスクが低いとは限らない。

第3に、地盤リスクは年月とともに変化する。例えば、盛土は年数とともに自重で沈下して締まっていく。また、周辺に大規模な土木工事があると地下水の流れが変化して、地下水位が変動することもある。

第4に、地形や地質は地下で複雑に変化している。例えば、地表は平坦に続いていても、地形や地質が大きく変化している境界部は地震などの際、弱点になることが多い。また、近隣の地盤調査の結果があっても、それを鵜呑みにしてはいけない。隣の土地ではデータがまったく異なるケースもあるので、あくまで近隣のデータとして参考に留めるべきだ。

これらの点を押さえておかないと、地盤リスクについての評価があらぬ方向へ進んだり、間違った理解につながったりしかねないので、注意していただきたい。

地盤を考慮した評価システムの考え方

多発する自然災害のほかにも、急速に進む少子高齢化、増え続ける空き家など、不動産市場を取り巻く環境は大きく変化している。従来の常識が通用しない新しい時代へのパラダイムシフトの鍵を握るのは「地盤」だ。

これまでの不動産市場では、地盤リスクについてはほとんど考慮されてこなかったと述べた。主に都心までの通勤時間、駅からの距離、買い物や学校など生活利便性で需要が左右され、取引価格が決まっていた。

しかし、これだけ自然災害が増えている以上、地盤を何らかの形で不動産の価格に反映させる時期が来ているのではないだろうか。ましてや、利便性が高い、新たに開発された場所ほど災害リスクが高い傾向にあるのだ。

いったん災害が起これば、被害を受けた土地や建物だけでなく、風評被害によって周辺地域を含めて一気に不動産の価値が急落する可能性もある。不動産の価値を正しく評価するには、従来の利便性一辺倒だけではなく、普遍的な地盤の価値を含んだ尺度を持つべきなのだ。

そこで、土地の価値について、この考え方を簡潔に表したのが次ページの図表14の式だ。具体的にどのような数値を使うかは検討の余地があるが、例えば地盤価値については当社が提供している「地盤カルテ」の点数、利便性価値については路線価を用いることが考えられる。

こうして計算した「土地の価値」により、当社では土地を4つに分類している（図表15）。

リスキー土地

自然災害の被害を受けやすく、利便性も高くない土地である。価格はかなり低くな

図表14　土地の価値に地盤価値を反映した式

1）一般的な考え方

土地の価値 ＝ 地盤価値 × 利便性価値 ^{t}

t：利便性のボラティリティ（都市計画・道路整備計画などで利便性が時間経過とともに変化する率）

2）具体的な応用例

土地の価値 ＝ 地盤カルテ点数 × 路線価 ^{t}

t：路線価のボラティリティ（10年ごとの路線価評価額の変化率をパラメーターにする）

出典：地盤ネット

るだろう。

アーバン土地

自然災害の被害は受けやすいが、利便性は高い土地である。現状では比較的高い価格で取引されているが、万が一の災害時には値下がりしやすい土地といえる。

セーフティー土地

利便性はあまり高くないが、自然災害の被害は受けにくい土地だ。こちらは現状ではあまり高い価格がつかないが、万が一の災害時には値上がりする可能性がある。

プレミアム土地

利便性が高く、しかも自然災害の被害も受けにくい最も理想的な土地だ。現在も高い価格で取引されているが、万が一の災害時にはさらに値上がりする可能性がある。

「リスキー土地」と「アーバン土地」は、地盤改良によって価値の底上げが可能だ。ただ

図表15　地盤カルテ点数と路線価による土地の分類

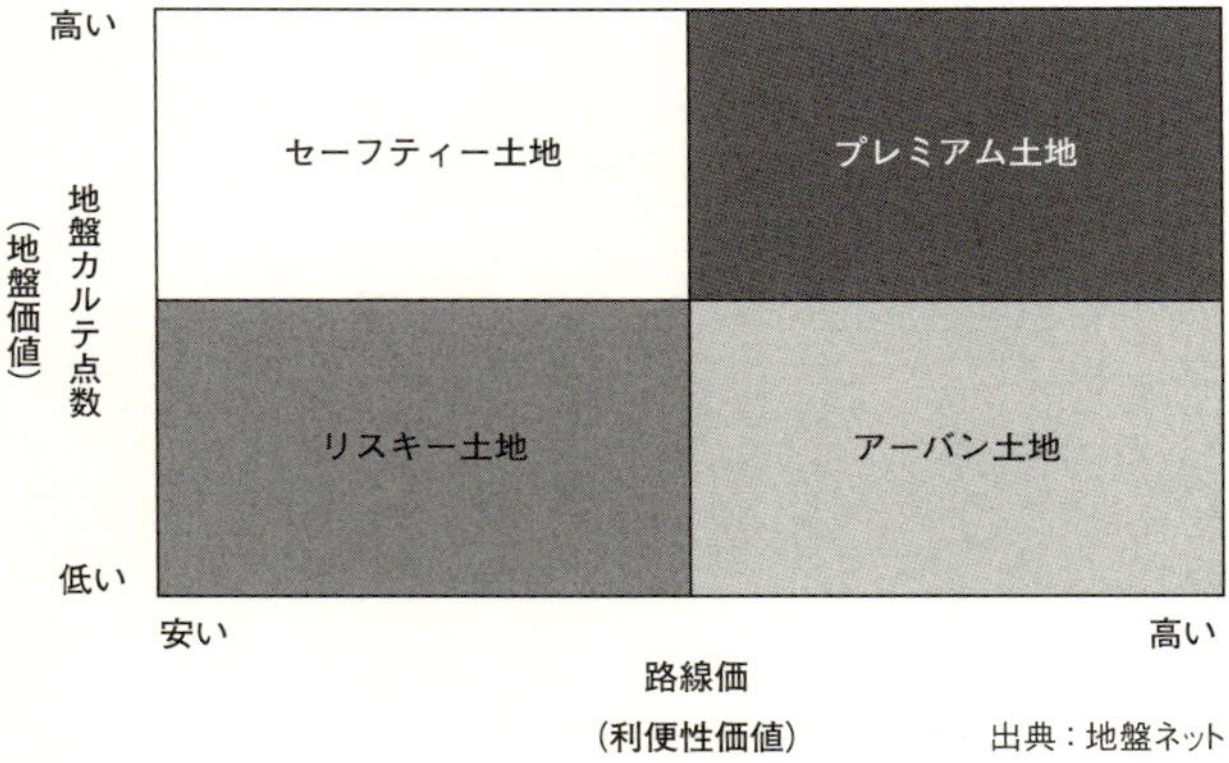

出典：地盤ネット

し、コストがかかるため、費用対効果を考えると「リスキー土地」はそのままのほうが合理的かもしれない。「アーバン土地」は、利便性が高いのでコスト負担をしても、そのメリットは大きいだろう。

さらにここで、「土地のROA（リターン・オン・アセット）」という考え方を提案したい。ROAは総資産収益率と訳される。「土地のROA」は、土地に投資した金額に対して、将来にわたって、どれくらいのバリューが生み出されるのかを指標化するものだ。

土地のROA ＝ 土地の価値 ÷ 土地投資額

利便性が高くても、地盤価値がゼロであればその土地のROAは将来、ゼロになるリスクがある。逆に、利便性が低くても、地盤価値が高ければ将来にわたってROAが保たれやすい。場合によっては大きくROAが上がることも考えられる。

こうした発想を不動産の取引に取り入れることが、今後は重要ではないだろうか。

不動産DCF法に地盤の評価を反映させた試算例

土地のROAの話を掘り下げたい。

不動産鑑定で用いられる鑑定手法の一つに、前述した収益還元法がある。これは、鑑定対象の不動産が将来生みだすであろうと期待される収益を、現時点での価値に調整して判断するものだ。

収益還元法にはさらに、「直接還元法」と「ディスカウント・キャッシュフロー法（DCF法）」のふたつがある。

「直接還元法」は、対象となる不動産の単年度の純収益をもとに計算する。例えば、ある賃貸マンションの年間賃料収入が120万円、キャップレートと呼ばれる現時点での価値に調整するための割引率を5％としよう。すると、このマンションの現時点での価格は2400万円（120万円÷0・05）となる。

「直接還元法」は複雑な計算がなく、誰にでもわかりやすいのが特徴だ。

「DCF法」は、もう少し複雑で、例えば向こう10年間、不動産を保有するとして、10年間の賃料収入とさらに10年後にその不動産を売却して得られる金額を合計し、その合計を現在の価格に調整する。将来の賃料収入の変化や売却価格がどうなるかなど不確定な要素が入ってくるが、不動産の価格をより正確に評価することができるとされている。

この、居住用不動産にはほとんど用いられることのない「DCF法」を地盤の評価においても応用させようというのが、我々の提案だ。

例えば、期間35年としてその間の毎年の収益（利用価値）と35年後の売却想定価格を合計する。そして、それをキャップレートを使って現時点の価値に割り戻した後、さらに地盤のリスクを反映するのだ。

105ページの図表16は、新築の戸建て住宅で、「DCF法」による評価額を試算してみたものである。

土地、建物の価格に手数料を加えた価格は3500万円である。また、購入にあたっては頭金５００万円、ローン３０００万円（年２％、35年返済）の資金計画を組むとすると、35年間の支払総額は４７００万円となる。

詳しい計算は省略するが、この住宅を35年間賃貸に出し、家賃収入によって建物の修繕などをおこなったと仮定すると、「ＤＣＦ法」による現在価値は３５００万円となる。

つまり、この物件の購入価格が妥当であることを示す。

次に１０７ページの図表17だが、これは図表16と同じ住宅の「地盤カルテ」の点数を「ＤＣＦ法」による現在価値に反映させたもので、カルテの点数違いでケース①とケース②に分かれている。

ケース①はこの土地の「地盤カルテ」が１００点の場合。35年間で住宅への影響が甚大である自然災害が発生する確率を仮に３％とし、さらに、35年後にその災害が発生したときの資産価値への影響率はマイナス１％と仮定してみる。このマイナス１％を「ＤＣＦ法」による最終処分価格１０００万円に金額で反映させると（１０００万円×０・01）、目減りは現在価値でわずか10万円程度だ。

ケース②は「地盤カルテ」が20点の場合。35年間で住宅への影響が甚大である自然災害

図表16　新築住宅の評価（DCF法）の試算例

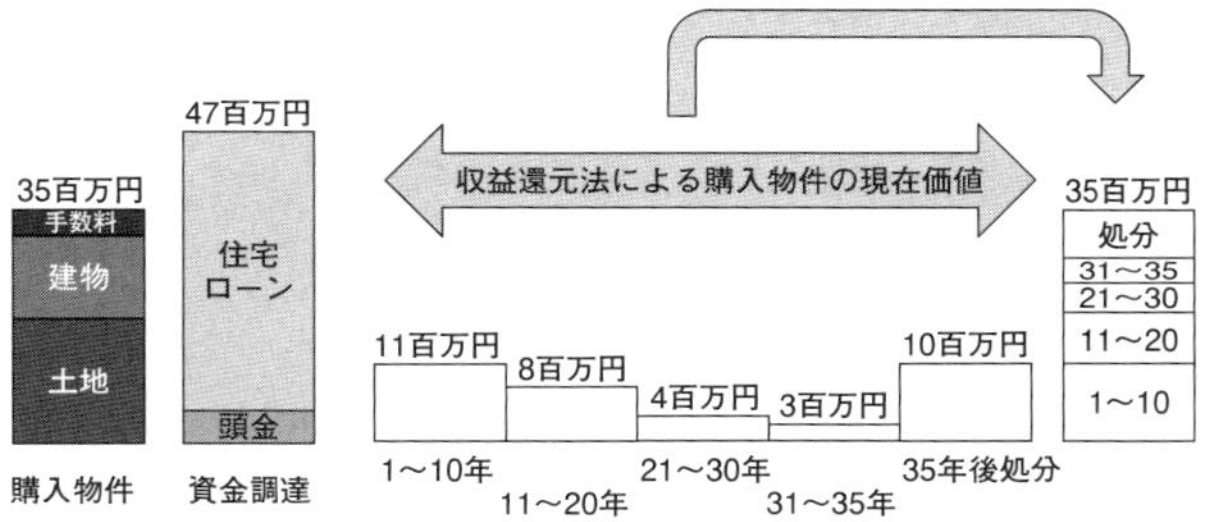

出典：地盤ネット

が発生する確率を仮に40％とし、さらに、35年後にその災害が発生したときの資産価値への仮定される影響率をマイナス30％と置いてみる。このマイナス30％を、最終処分価格1000万円に金額で反映させると（1000万円×0・3）、300万円下がって、トータルでは3200万円（3500万－300万）となる。

さらに、108ページの図表18は、ケース②が想定する、住宅へ甚大な影響（被害）を与える自然災害が10年後に発生したらどうなるかを試算した。この場合、11年目以降はDCF法で仮定すると、家賃収入が入ってこなくなる。また10年後に土地のみを売却する際、傷んだ土地自体の修繕費など、負担額を実情から概算すると300万円程度かかる。都合、10年後の最終処分価格は1700万円から300万円を差しひいた1400万円。その結果、住宅ローンを合わせて4700万円の買い物が、2500万円ほどの現在価値しかないことになる。

このケースは、災害規模によってはさらに大きな経済的損失を被る可能性を有している。つまり、災害によって半壊ないし全壊した住宅の撤去費用はもとより、他の土地に住居を構えざるを得ないような場合に発生する引っ越し費用、家財の再調達費用などだ。さらに、

図表17　新築住宅の評価(DCF法)に
地盤リスクを反映させた試算例①

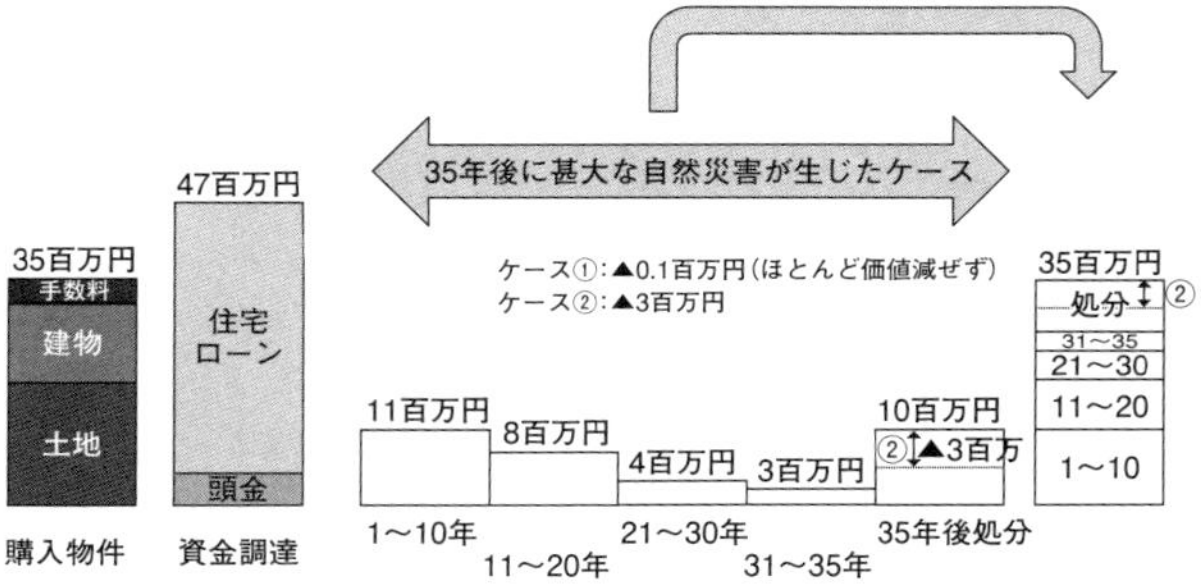

出典：地盤ネット

図表18　新築住宅の評価（DCF法）に
地盤リスクを反映させた試算例②

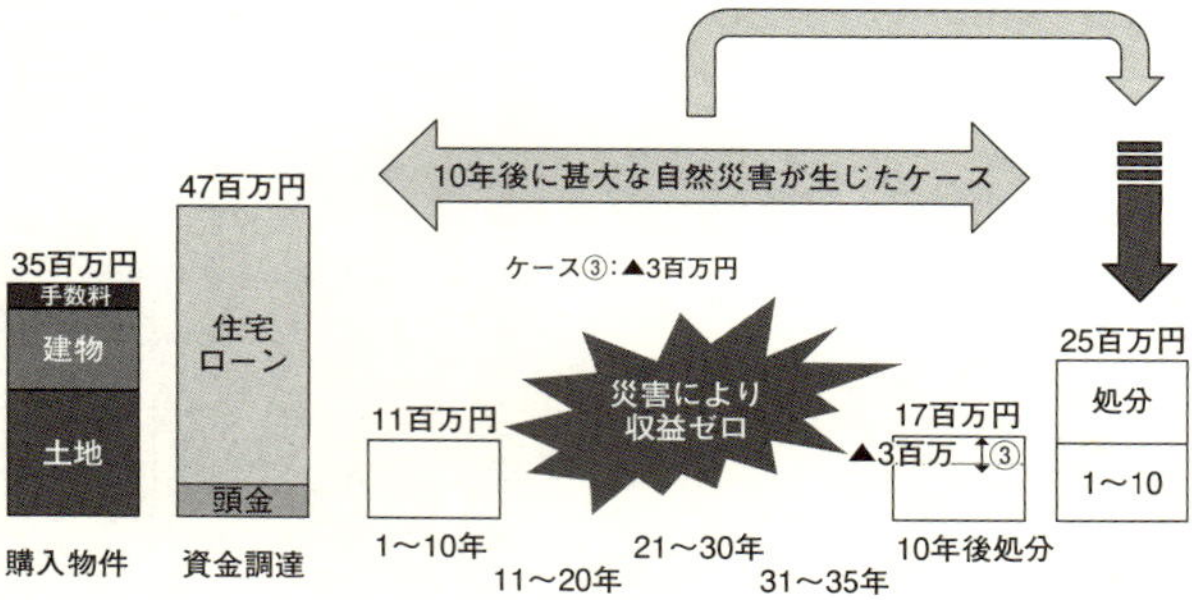

出典：地盤ネット

別の土地で新たに住宅を新築するとなれば、その費用も莫大なものになることはいうまでもない。

このように、同じ価格の新築住宅を購入しても、将来にわたって確かな資産を維持できる人と、やがて大幅に資産を減らしてしまう人に分かれてしまうのである。

なお、「地盤カルテ」は現時点では、不動産評価のツールではなく、あくまでも地盤の良し悪しをスコアにしているものである。

将来的には、「地盤カルテ」をブラッシュアップし、自然災害の発生、およびその際の経済的損失をある程度指数化できるようになれば、戸建て住宅の不動産評価に利用できる可能性もある。

今後、さらに「地盤カルテ」の改良を進め、品質を高めて地盤リスクをもとにした詳細な評価がおこなえるよう、いっそうの改善を図っていくことを計画している。

地盤改良は地震対策や液状化対策とは別

ところで、地盤が良くない場合に、地盤改良工事をおこなうケースが多い。一般の方はつい「地盤改良をおこなったのだから、地震についても大丈夫だろう」と考えがちだ。しかし、ぜひ知っておいていただきたいのは、「地盤改良は地震を想定していない工法が多い」ということだ。

戸建て住宅の地盤改良工事は、一般には建物の重さがかかること（常時荷重）による地盤沈下を防ぐためのもので、地震の揺れや土砂崩れなどは想定していない。特に、大きな地震の際に心配される液状化には対応していないケースが多い。

したがって、いくら調査によって戸建て住宅の地盤として十分な強さがあるという結果が出ても、または通常の地盤改良工事をおこなっても、例えば沿岸の埋立地や盛土地などでは、地震の際に液状化の被害が起こる可能性は否定できない。

そこでどうするか。

地盤の液状化に関しては、液状化の可能性や被害の程度を判定するための地盤調査や、液状化による地盤沈下に対応した対策工事の方法がある。

液状化リスクがある土地では、液状化調査・判定によって液状化対策が必要と判断された場合、コストはかかるものの、液状化に対応できる対策工事をおこなうことで、安全性を高めることができるのだ。

また、剛性が高く、建物の重さを分散させる効果がある「べた基礎」などを採用したうえで、建物の耐震性を高めておけば、たとえ地盤が原因で建物が傾いたとしても、建物の被害を最小限に止めたうえで、沈下修復工事をおこなうこともできる。

地盤改良と資産価値も別

2015年の関東・東北豪雨における鬼怒川の氾濫では、決壊した堤防近くに建つ一棟の住宅が話題になった。

周辺の木造住宅のなかには基礎から流されてしまったケースもあるなか、この建物はびくともせず、流れてきた建物がぶつかっても壁面で受け止めていたからだ。

なぜ、戸建て住宅でありながらこの建物はこれほど頑丈だったのか。

建物自体が比較的重量の重いＡＬＣを外壁に使った鉄骨造であったこともあるが、特に効果があったのは基礎に鋼管杭を使っていたことだ。これは、建物の支持地盤まで何本も鋼管を打ち込み、その上にある鉄筋コンクリート造のベタ基礎の部分と一体化していたのである。

そのため、鬼怒川から溢れた濁流で建物の壁面に強い圧力がかかったり、基礎部分が水流で浸食されたりしても、建物が浮き上がったりすることなく、耐えられたと考えられる。確かに、地盤改良の効果が表れたのだ。

しかし、この建物の周辺では多くの住宅が大きな被害を受け、災害リスクが明らかになっている。この建物が丈夫であり、地盤改良の効果があったことが証明されたとしても、この土地の不動産市場における評価はどうであろうか。少なくとも、積極的に買いたいという人は当面、いないのではないだろうか。そのため、資産価値も下がるのではないかと予想される。

リスクを知り、適切な対策をおこなって建物は無事だったとしても、エリア全体で対策をしていなければ、周囲の復興には時間がかかる。適切な地盤改良の効果は認めつつも、エリアとして災害リスクが高いことが判明した場合、資産価値にはどうしてもマイナスの影響が働くのだ。

自然地盤を大切にする重要性

２０１１年3月11日、東日本大震災の甚大な被害状況が明らかになるにつれ、経営者として私が考えたのは、「当社もどう転ぶかわからない」ということだった。

当時、当社では「地盤セカンドオピニオン」のサービスに力を入れていた。他の地盤会社による地盤調査とその解析を無料でチェックし、本当に地盤改良が必要かどうかのセカンドオピニオンを無償で提供するものだ。

地震の翌日、「やはり地盤会社の言うとおりの改良工事をすることに決めた」というキャンセルの電話が2本入った。液状化などの被害をテレビで目の当たりにすると、費用はかかっても工事をしたほうがいいという消費者心理は理解できる。その日のうちに震災に関する無料相談窓口を設け、こちらからも東北地区の既存ユーザーに確認の電話を入れたが、つながらないところが数多くあった。

震災が発生してしばらくは、「地盤セカンドオピニオン」の注文はピタッと止まった。状況が変わってきたのは2週間後くらいからだ。少しずつ注文が入るようになり、地盤解析の専門会社ということでマスコミから取材の依頼も入るようになった。しだいに、物件の確認も取れ始めた。結果的に、被災地で当社がセカンドオピニオンを提供し、「地盤対策が過剰品質になっている」と判定した物件は892件あったが、補償事故は1件も発生しなかった。

当社のサービスを利用してくれている仙台の大手住宅会社からも連絡をもらった。それは、今回の震災によって地盤の不具合が多数出ているが、地盤ネットが解析した物件だけはまったく問題がなかったというもので、とても嬉しかった。

当社の地盤解析の基本スタンスは、自然地盤をいじらずに基礎の剛性を強化して安全を確保するという考え方だ。自然地盤にはある一定以上の強度がもともと備わっており、戸建て住宅の荷重程度であれば基礎の剛性を強化することで、地盤対策としては十分な土地が少なくない。

むしろ、戸建て住宅の地盤対策としてよく用いられている柱状改良工事は、地震対策にならないだけでなく、沈下修正工事の際の障害となり、復旧工事の妨げになったりすることがある。

また、支持地盤まで杭を打ちこむ工法も、沈下事故を抑える効果はあるが、周りの地盤が下がったときに抜け上がった状態になり、別の意味でリスクがある。

地盤データしだいだが、自然との共生、環境破壊の抑制、改良工事費用の削減のため、戸建て住宅では自然地盤を可能な限りいじらないアプローチは重要である。

不要な地盤改良は土地の価値を下げることもある

戸建て住宅において地盤改良をなぜあまり推奨しないのか。「地盤＝人間の身体」と考えるといいと思う。

例えば、人間が腕や足に何らかのケガをした場合、治療をしてもそれが完全にもとの状態に戻ることは少ない。切り傷なら傷跡が残るかもしれないし、骨や関節の故障なら再発したり癖になったりするかもしれない。

戸建て住宅の地盤も同じことで、元来、改良工事が必要なかった土地に、一度でも工事が入れば、もとに戻すことは容易ではない。何も異常がないのに地盤に改良工事を施すのは、健康な身体にメスを入れるようなものなのだ。

もし、工事が必要ない安全な土地に地盤改良を施すと、むしろ将来、売ろうとしたときに改良工事済みという不利な条件を提示するのと同じことになる。「200万円もかけて地盤を改良した土地だし、それなりに価値は高いだろう」と思っていると、逆に安くなることもあるのだ。

例えば、コストをかけて杭を打ちこんだ場合、コストをかければかけるほど、それを撤去するときの費用もかさむ。改良工事を入れた土地を売る段になって、地中の杭や改良体を撤去する見積もりに驚いたという話を耳にする。

実は、杭や改良体を埋めこむより、それらを取り除くほうが手間がかかるのだ。埋めこんだ深さが深ければ深いほど、それなりの重機を手配しなければならないし、時間もかかる。工事が長引けば、負担するコストは導入時の数倍になることもある。

また、杭などを撤去する際に欠陥工事が行われる可能性もある。杭をすべて取り除くことが難しいとなると、上だけすくって埋めておこうということにもなりかねない。大きな傷が地中に残ったままになってしまう。

ビルやマンションなど大型の建築物が建っていた土地を更地にする場合、地中障害物をすべて撤去しなければならないという法律がある。

戸建て住宅に関してはまだ法制化されていないが、仮にそのような法律が施行されれば、規模によっては個人の予算ではまかなえなくなる可能性もある。

災害リスクは場所によってさまざまだが、当社が考えるのは、安全に住むことができる自然地盤を重要視し、みんながリスクのない土地に住むことだ。

地盤が強く、改良工事がいらない安全な土地もあれば、地盤が弱いが改良工事をおこなうことで家を建てることができる土地もある。しかし、ときにはリスクの少ない土地に住み替えるという判断も必要ではないだろうか。

第4章

良い土地、良い地盤は自分で選ぶ

日本列島は「大地変動の時代」に突入

２０１１年の東日本大震災をきっかけに、日本は「大地変動の時代」に突入したというのは、京都大学の鎌田浩毅教授だ。

鎌田教授によると、マグニチュード９の東日本大震災は１０００年に一度起こるかどうかという巨大地震であり、その影響で日本列島の地盤は大きく変化した。東北地方が東西に最大５・３ｍ引き伸ばされ、東日本では今でも直下型地震が断続的に発生しているのだという（『文藝春秋』２０１５年７月号）。

その後の御嶽山、口永良部島、桜島などの噴火を見ると、日本列島は地震と噴火の活動期に入り、今後の数十年にわたってさまざまなタイプの自然災害が予想されるという。経験上、南海トラフ巨大地震が富士山の噴火を誘発することも十分考えられる。

「今まで大丈夫だったから」「これくらいなら大丈夫だろう」という考えは危険だ。

良い土地、良い地盤は自分で選ぶ。そうした意識をひとりでも多くの人が持つべきだと思う。

「首都直下型地震」で想定される被害状況

西暦202×年2月某日午後5時過ぎ。

東京の都心南部を震源とするマグニチュード7クラスの地震が発生し、首都圏は大混乱に陥った。異常乾燥注意報が出ていたうえ、昼過ぎから吹き始めた西風は秒速8mを超え、各所で発生した火災が瞬く間に広がった。地震発生から数日間で、建物の全壊および焼失は約61万棟、死者は2万人を超えた。

揺れによる建物の全壊は地盤が緩い荒川沿いなど東京東部で目立ち、湾岸地域では液状化による被害も多発。焼失は木造住宅が密集している環状6号線や環状7号線沿いに集中した――。

これは絵空事ではない。政府が公表している首都直下型地震の想定シナリオをもとにした被災状況の一例だ。

首都直下型地震の被害対策を検討してきた国の有識者会議は２０１３年12月、向こう30年以内に70％の確率で起きると予想されるマグニチュード７クラスの地震で、最悪の場合、死者が約２万３０００人、経済被害が約95兆円にのぼると発表した。

最大震度は東京23区のほとんどで震度６強、江東区と江戸川区では震度７と想定されている。

地震発生直後、住宅やオフィスでは最大１万７０００人がエレベーターに閉じこめられ、帰宅困難者は東京都市圏で最大８００万人、東京都に限っても最大４９０万人と想定されている。

建物の被害では、揺れによる建物の全壊約17万５０００棟、液状化による全壊約２万２０００棟、急傾斜地崩壊による全壊約１１００棟、地震火災による焼失約41万２０００棟などとなっている。

さらに巨大な被害が予想される「南海トラフ巨大地震」

首都直下型地震よりもさらに巨大な被害が予想されているのが、「南海トラフ巨大地震」だ。これは、駿河湾から四国の南方沖まで続く海底の深い溝（南海トラフ）に沿って起こるとされるマグニチュード8から9クラスの巨大地震で、2013年1月時点で30年以内の発生確率は60〜70％とされる。

2011年に設けられた内閣府の中央防災会議の「南海トラフの巨大地震モデル検討会」では、特に最大クラスのマグニチュード9の場合の地震・津波をもとに被害を想定した。それによると、駿河湾から紀伊半島沖を中心に最大で20mを超える大津波が発生し、関東以西の30都府県で最大32万3000人が死亡。建物の全壊・焼失は最大約238万6000棟、経済的損失は約214兆円に達するという。

この被害想定のもととなった南海トラフにおけるマグニチュード9クラスの地震・津波

は、明瞭な記録が残る時代のなかではその発生が確認されていない規模であり、1000年に一度あるいはそれよりもっと低い頻度で発生する地震とされてきた。

しかし、東日本大震災がそうであったように、想定外の災害が起きないという保証はない。報告書では、「被害をゼロにするのではなく、仮に最大クラスの地震・津波が発生した場合の被害の拡大を少しでも抑えることが重要」としているが、まったくそのとおりだろう。

政府の「国土強靱化戦略」が目指すもの

こうした状況を踏まえ、国では現在、「国土強靱化」を国家的な課題として掲げている。大きな契機になったのは、2013年12月に制定された「強くしなやかな国民生活の実現を図るための防災・減災等に資する国土強靱化基本法」だ。

これに合わせ、内閣府に国土強靱化推進本部が設置され、翌2014年6月には「国土強靱化基本計画」を閣議決定。さらに2014年、2015年と続けて「国土強靱化アクションプラン」が策定されている。

国土強靱化とは、「国土や経済、暮らしが、災害や事故などにより致命的な被害を負わない強さと、速やかに回復するしなやかさをもつこと」とされており、基本目標は以下の4つだ。

1．人命の保護が最大限図られること
2．国家及び社会の重要な機能が致命的な障害を受けず維持されること
3．国民の財産及び公共施設に係る被害の最小化
4．迅速な復旧復興

こうした政府の動きに呼応して、地盤業界では2014年8月に一般社団法人「地盤強靱化推進協議会」を設立し、私がその代表理事に就任した。民間の立場から、国や自治体に地盤情報の重要性を理解していただくよう働きかけるのがその目的だ。

同協議会はさらに、産、官、学、民のオールジャパンで国土強靱化の達成を目指す一般社団法人「レジリエンスジャパン推進協議会」において、住宅地盤情報普及促進ワーキン

ググループの幹事団体として、内閣府などへの提言を行っている。

ワーキンググループでは、大学、研究機関、弁護士事務所、地質調査会社、業界団体、省庁などから専門家を招いてこれまで3回の会合を開き、地盤情報の普及促進について提言する活動を進めている。

2015年6月には、安倍総理を本部長とする「国土強靱化推進本部」において、「国土強靱化アクションプラン2015」が本部決定され、そのなかのリスクコミュニケーションの項には次のように記されている。

「関係府省庁及びレジリエンスジャパン推進協議会等の民間団体等と連携しつつ、国土強靱化に対する国民の意識を高めるためのコンテンツの開発や、ハザードマップ、地盤情報等のリスク情報のデータベース化等及び普及を促進する」

これはまさに、これまでの当社の取り組みと軌を一にするものであり、今後も引き続き地盤情報の重要性について、国や関係省庁に対し、訴えかけていきたいと思う。

ＰＤＣＡサイクルで取り組む

問題は、こうした目標をどのように実現するかだ。その点について、「国土強靱化基本計画」や「国土強靱化アクションプラン」では、リスクの特定、分析から始まるＰＤＣＡサイクル（次ページ図表19）を繰り返すことを掲げている。

このプロセスで、特に重要なのが脆弱性《ぜいじゃくせい》の評価だ。

さまざまな自然災害に対して、国土や社会のどこにどのような弱点（脆弱性）があるのかを調査・確認しなければ手の打ちようがない。そのため、脆弱性の評価は「国土の健康診断」とも呼ばれている。そして、できるだけ定量的に（データや数値で）実施することが重要とされる。

この考え方は、個人も参考にするべきだ。

所有していたり購入を検討していたりする土地について、そのリスクを特定、分析し、

図表19　国土強靱化におけるPDCAサイクル

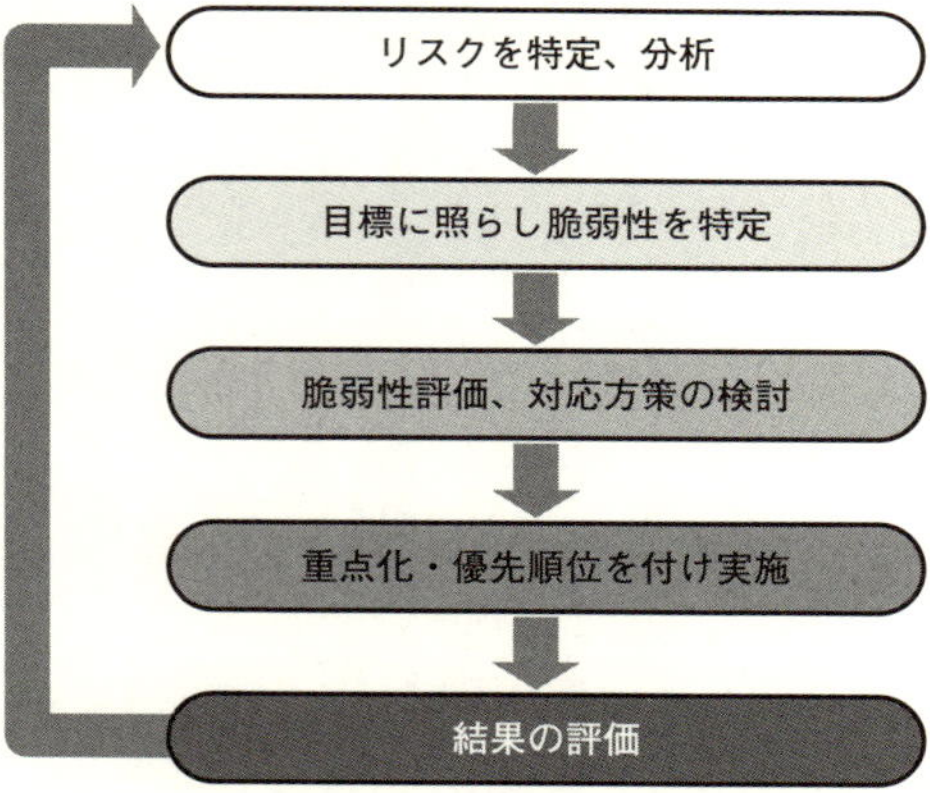

出典：内閣官房国土強靱化推進室

目標に照らして脆弱性を特定するのである。

リスクとは、地盤リスクに他ならない。その土地の地盤リスクを特定、分析したうえで、マイホームを建てるという目標に照らして、万が一の災害ではどのくらい損害が発生するか、また命の危険はどの程度かなどの脆弱性を特定、評価するのである。

学校や地域で「地史」を学ぶ

かつて三陸地方においては、「地震があったら各自高台に自分で逃げろ」という「津波てんでんこ」の教えをもとに、津波の被害をできるだけ防いでいたという。

こうした庶民の知恵ともいうべき伝承は全国各地で見られたが、情報化時代といわれる現在、むしろそうした知恵が失われつつあるのではないだろうか。

地形や地質の成り立ち、川や池の埋め立て、川の付け替え、傾斜地の造成など、それぞれの土地の歴史は「地史」と呼ばれる。この「地史」について、学校や地域で学ぶ機会は決して多くはない。教科での扱いが明確になっておらず、自然や災害の専門家もそれほど多くないためだ。

その点、「地盤安心マップ」であれば、地形や地質から、旧版地形図、航空写真などで、各地の土地の歴史が簡単にわかる。学校や地域で、地史を学ぶには絶好の材料となるはずである。「地盤カルテ」も併せて、積極的に活用していただければ幸いだ。

地盤リスクの情報を日本人の常識に

第1章でも触れたが、東日本大震災では、首都圏の湾岸エリアなどで液状化により建物が傾くケースが多発した。一部では不動産会社を訴える人もいたが、売主の責任は認められなかった。地盤リスクを事前に知り、対策をおこなっていれば被害を防げたケースもあったのではないだろうか。

今でも土砂災害特別警戒区域などに指定されたエリアにある不動産については、賃貸や売買にあたって不動産会社には重要事項説明が義務付けられている。今後は、そうした地盤関連の情報の範囲をもっと広げ、不動産の広告や重要事項説明の際、消費者に説明するよう義務付けるべきだと私は思う。
アパートを借りたり、マンションや戸建て住宅を買ったりする際、必ず地盤関連の情報が説明されれば、否が応でもその不動産の地盤について考える。そして、テレビや新聞で繰り返し見聞きする自然災害の被害と、地盤関連の情報がつながってくるはずだ。

国内の人口はすでに減り始め、空き家は全国に800万戸あるといわれる。国や一部の自治体ではコンパクトシティといって人口を既存市街地に集約する政策を打ちだしている。今後は社会の重要なインフラ機能や居住地はより安全な場所に集約しつつ、低地や海沿いの埋立地などは適切な対策を施して業務用などに活用していくべきではないだろうか。

そういうメリハリのある国土計画の前提になるのが、地盤リスクを日本人の常識にすることなのである。

地盤リスクが日本人の常識になれば、日本の不動産市場にパラダイムシフトが起きることは間違いない。それによって国土の構造も変わっていく。結果的に災害に強い国づくり、すなわち「国土強靱化」につながっていくはずだ。

「地盤革命」の第2ステージへ

3年前に私は、『地盤革命』（あさ出版）という書籍を出版した。そのとき私が考えていた「地盤革命」とは、消費者と地盤会社との知識差を解消し、地盤調査や地盤改良工事に対する一般消費者の不安や不利益を解消するということだった。

そのために地盤についてのセカンドオピニオンを無料で提供し、当社のアドバイスを採用してもらえる場合は有料で詳細なレポートと万一のための地盤補償（最大5000万円）を提供するビジネスモデルを確立。多くの方に利用していただいている。

しかし、一般消費者と専門業者との知識差は、地盤業界だけでなく、住宅業界や不動産業界にもまだまだ存在する。業界の規模としては、住宅業界、不動産業界のほうがはるかに大きく、そこに「地盤」の視点から問題提起をおこないたいという想いがしだいに強くなってきた。

今、私が新たに掲げる「地盤革命」とは、住宅業界や不動産業界において「地盤」の重要性をよく知ってもらい、消費者と業界各社の間での取引の透明性や信頼感を高めてもらうことが目標である。いわば「地盤革命」の第2ステージといっていい。

具体的には、土地決定プロセスにパラダイムシフトを起こそうと考えている。

今までは、最初に土地を決めるというのが一般的だった。それから住宅会社を選んでプランと見積もりが出て、そこで初めて地盤調査をおこなうのである。

しかし、その段階で地盤リスクが発覚すると、プランや見積もりをもう一度最初からやり直さなければならない。

それに対し、これからはまず事前情報による評価を最上流に位置付け、液状化など地盤リスクに対する土地取得前のリスクコミュニケーションを可能にする。

こうすれば、消費者は地盤リスクに関するさまざまな情報をもとに、適正な地盤評価をおこなったうえで、土地を選ぶことができる。それから土地に見合ったプランと見積もりを取り、住宅会社を決定するのである（図表20）。

消費者にとっては地盤リスクが後で発覚する場合に比べ、余計な時間や費用が節約でき

図表20　土地決定のパラダイムシフト

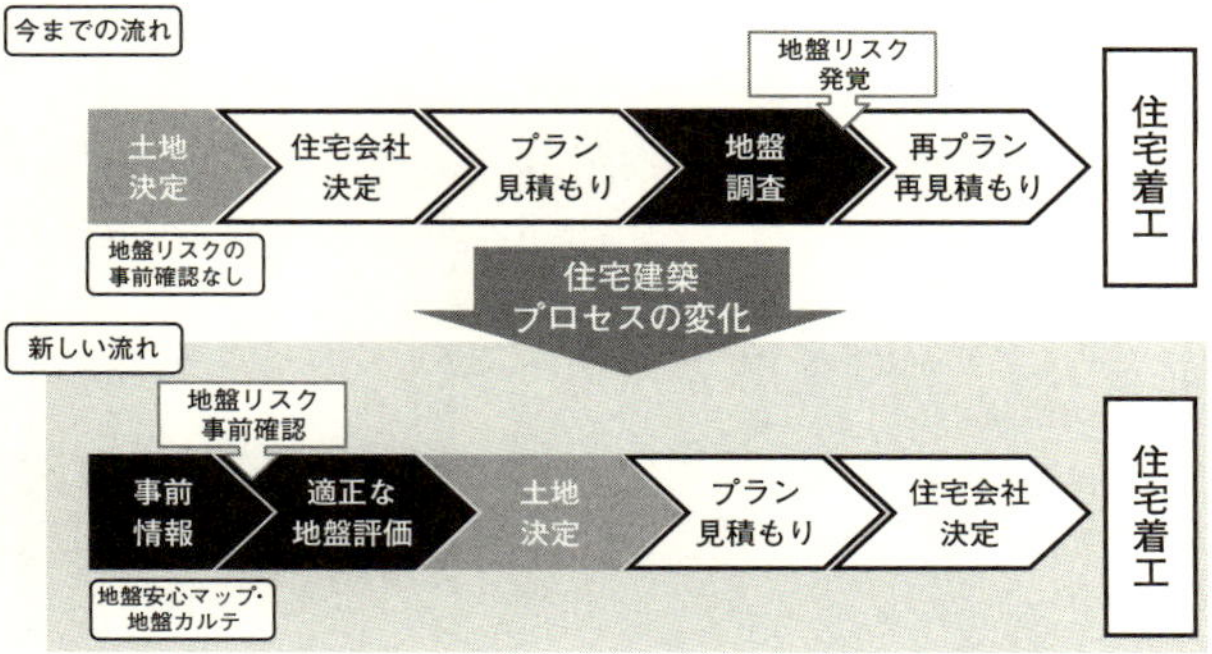

出典：地盤ネット

るというわけだ。

何より、地盤リスクの高い土地を避けることで、将来の自然災害による被害を防ぎ、大切なマイホームなどの資産価値やさらには家族の安全を守れるようになるはずだ。

すでに数々の取り組みが進行中

「地盤革命」の第2ステージにおいて、当社ではすでに数々の取り組みを進めている。

第1に、「地盤カルテ」をもっと気軽に利用してもらうべく、さまざまな広報やPR活動を展開している。

すでに利用件数は5万件を超えたが、日本全国には約5000万世帯がある。この世帯すべてで「地盤カルテ」を利用していただくことが当社の存在意義だと考えている。

かつて、城郭や神社仏閣が築かれた場所は地盤が良く、災害に遭いにくい。そうした土地選びの知恵が地域の古老や僧侶などを通して一般庶民にも伝えられ、高台を住居とし、低地を水田とするよう教えてきたのだ。

地盤会社こそ、現代における古老や僧侶として、地盤と建物の相性を適切に診断する仲人の役割を果たしたいと思う。「地盤カルテ」はそのためのツールなのである。

第2に、当社では2012年より「地盤インスペクター」という講習・認定制度を設け、すでに2000名近い方に受講いただいている。

将来的には地盤の知識だけでなく、地盤と建物の仲人としての役割を担う専門家の登竜門として位置付けていきたいと考えている。

それに先立ち、「地盤インスペクター」を地盤改良工事現場に派遣して、地盤の専門家による第三者検査をおこなう仕組みを構築した。検査後、当社より「地盤改良工事検査済証」を発行し、工事の品質向上へとつなげている。

第3に、当社ではかねてより「地盤改良工事がいらない」と判定した物件で依頼があれば有料で地盤解析報告書を発行している。

この報告書では国土交通省の告示や日本建築学会の指針にもとづいて、解析の根拠を明示している。また解析にあたっては地盤調査の結果の数字から、「地盤の長期許容支持力」の検討、および、「建物の不同沈下」の検討をおこなっている。さらに、周辺の地形なども考慮する必要があるため、「擁壁の有無」「地耐力のバランス」「新規盛土の有無」「周辺での異常状況」「建物のバランス」といった項目の検討も記載している。

この報告書と併せて発行しているのが「地盤品質証明書」だ（図表21）。この証明書があるにもかかわらず、万が一地盤に関する事故（不同沈下）が起こった場合、建物の引き渡しから最高20年間、最大5000万円の補償が受けられるというものだ。加えて、20年ごとの定期点検・更新により、生涯にわたり補償を受け続けることもできる。

補償の裏付けとして、国内の大手損害保険会社による保険引き受けや、一般社団法人「地盤安心住宅整備支援機構」との連携などのバックアップをおこなっている。

さらに当社では、東日本大震災後、損害保険会社のバックファイナンスを整備し、震度6弱までの地震による液状化に対応できる新しい地盤補償サービスの提供を開始した。地震デリバティブの契約により、震度6強という想定外の地震のときにも家屋の修復ができる体制も整えている。

図表21　「地盤安心住宅PLUS」の地盤品質証明書

地盤品質証明書

(地盤安心住宅®PLUS)

様

本証明書は、地盤の調査をもとにした基礎仕様または補強工事を施した建築物であることを証明し、地盤品質証明規約を適用致します。

ただし、適用期間内においても以下の理由に該当する場合は適用いたしかねます。

- 本証明書のご提示がない場合。
- 本証明書に当社の社印及び物件番号が記載されていない場合。
- 裏面地盤品質証明規約に記載された免責事由に該当する場合。

※本証明書を紛失された場合、直ちに当社に連絡し再発行の手続きを行ってください。

物件番号	
登録物件	
物件住所	
基礎仕様	
発 行 日	

JIBANNET

地盤ネット株式会社

一般社団法人 地盤安心住宅整備支援機構

出典：地盤ネット

地盤補償を依頼するときは、必ず液状化や地震に対応しているか確認してほしい。通常、液状化や地震についての被害は免責なので注意していただきたい。

なお、この新しい地盤補償の開発にあたり多大な資金を投じたが、想定外の被害が発生したときこそ、補償会社として生活者の助けになりたいという想いで進めたものである。大手の不動産会社、住宅会社だから安心という考えから脱却し、自分のマイホームを守るためにみなさんにぜひ「地盤」をもっと知ってもらいたい。

第4に、地盤調査の精度アップを図っていくことだ。

特に戸建て住宅用の地盤調査で広く用いられているスウェーデン式サウンディング（SWS）試験は、装置や試験方法やデータの分析評価において改良の余地がある。そこで、当社では2015年7月、京都大学大学院工学研究科との産学共同研究により、地震リスクを考慮した小規模建築物向けの地盤液状化リスク調査・評価手法の開発を開始した。

この共同研究には、当社から京都大学に対して、当社が開発した半自動SWS試験機「グラウンド・プロⅡ」（図表22）および、液状化検討のための土質サンプラー、地下水位計などを提供している。

図表22 「グラウンド・プロII」

出典：地盤ネット

土質サンプラーについては、従来の土質サンプラー特有の課題を解決し、液状化判定に最適な「とるねーどくん」という名称の装置を開発。2015年9月に特許出願をおこなったところである。

「とるねーどくん」を使うと、埋立地だけでなく沿岸部・河川沿いの低地など、地震時に液状化被害が懸念される地域の戸建て住宅において、液状化判定と対策が促進されることが期待される。

新たな挑戦への決意

将来に向けて、新しい挑戦も視野に入ってきた。

第1に、地盤情報を集約・蓄積するシステムを構築することだ。

現状の「地盤安心マップ」や「地盤カルテ」では、公開されている各種情報と当社が保有している情報を集約しているが、世の中にはもっと膨大な量の地盤情報があり、各省庁や地方自治体、個々の地盤会社や住宅会社などがばらばらに保有している。

それらを集めて、誰でも自由に利用できる社会的なインフラにすることができれば素晴らしいと思う。そのためのシステムの構築や拡張に取り組んでいきたい。


第2に、地盤リスクに対応した商品やサービスのメニューをさらに拡充していくことだ。

例えば、安価で確実な戸建て住宅用の地盤改良工事の工法を開発したい。今もさまざまな工法があるが、費用の面で100万円以上するのは当たり前といってよい。それでいて、大地震の際の揺れや液状化に十分な効果が期待できないケースも珍しくない。

そこで、綿密な地盤調査と災害リスクの分析・評価にもとづき、これまでより手頃なコストで効果の高い地盤改良がおこなえる工法を開発する準備を進めている。この新工法については、環境負荷の軽減も図る考えだ。

また、地盤補償については、当社単独の商品ではなく、地震保険のような公的な仕組みにできないかとも考えている。

地震保険は、地震や火山噴火による建物と家財の被害を対象としているものだが、地盤を対象とした保険では大雨による土石流なども加え、がけ崩れ、土砂災害、不同沈下、液状化などの地盤被害を補償するのである。

東日本大震災では、首都圏の湾岸エリアなどで液状化により建物が傾くケースが多発し、一部では不動産会社を訴える人もいたが、売主の責任は認められなかった。地盤の保険があればそうしたケースも救済されるだろう。

保険料の算定にあたっては、地盤のリスクを加味する。地盤の品質について「地盤品質証明書」のような形で保証するのもいいだろう。結果的に、不動産市場における取引価格にも保険料の料率の違いが反映されていくはずだ。

第3に、戸建て住宅を建てる一般消費者向けに、よりわかりやすい地盤情報の提供システムを整備していきたい。

具体的には、地盤リスクについての情報を組みこんだ、不動産選びの情報サイトをつくろうと思う。当社が「この地盤は安心です」と太鼓判を押した土地にある戸建てやマンション、賃貸住宅などさまざまな不動産を簡単に探せるサイトだ。

日本国内から始め、いずれは海外でもサービスを提供したいと考えている。

また、当社の考えや趣旨に賛同していただいた住宅会社に、それぞれのウェブサイトに

「地盤カルテ」の判定ボタンを設定してもらおうと考えている。その住宅会社で家を建てようという人は、所有している土地やこれから購入予定の土地について、簡単に地盤リスクをチェックすることができる。

「地盤カルテ」の判定ボタンを利用している住宅会社は、それだけ消費者に正確な情報を伝えようとしている信頼できる会社だといえるだろう。

以上のような挑戦は、消費者にとって人生最大の買い物であるマイホームの価値が、自然災害によって大きく損なわれることがないようにしてもらうためである。

業界各社にとっても、不動産の売買や住宅の建築におけるユーザーとの信頼関係を確かなものとし、公平で透明な市場をつくっていただきたいと願うからだ。

地盤会社が人類を救う!

2015年秋に公開された『カリフォルニア・ダウン』という映画がある。

カリフォルニア州を前代未聞の巨大地震が襲い、猛烈な揺れに見舞われた超高層ビル群やゴールデンゲートブリッジが次々と倒壊。さらに巨大な津波が押し寄せるなか、救援活動に奔走するレスキュー隊のヘリコプター・パイロットを主人公にしたパニックアクションだ。

詳しくはぜひ映画をご覧いただきたいが、最後に救助された場所が地続きの高台だったというシーンが私には非常に印象的だった。

これからも自然災害は、世界的な地球温暖化に伴う異常気象の多発などで、日本だけでなく世界各地で増えていくだろう。そのとき、生死を分けるのはまさに地盤の差である。どこが安全な住まいなのか、また、災害時にどこに避難すべきかという情報を伝える役目を、地盤会社として担っていきたい。

地盤会社が人類を救う！

大げさかもしれないが、私はそれくらいの意気込みで今後も地盤と取り組んでいきたいと考えている。

おわりに

――「地盤ネット」に込めた想い

地盤業界には調査、改良工事、補償などさまざまなサービスがある。そのうち中心となっていたのは、調査と改良工事だ。このふたつをセットで行うことが利益相反を生み、消費者に不利益をもたらしてきた。

そこで、改良工事を完全に切り離し、調査など他のサービスに集中することにしたのが当社の独自性であった。このスタンスが功を奏し、地盤リスクについて無償での情報提供や液状化にも対応する地盤補償など、従来にない新しいサービスを次々に開発することができた。

今や当社は、改良工事を除く地盤の総合サービス企業として、唯一無二の存在になっているといっても過言ではない。

そして、これまで私がおこなってきたこと、そしてこれからの挑戦によって、不動産価値のパラダイムシフトが起こるだろう。

今まで地盤会社だけが知っていた「不動産の本当の価値」が市場価格に反映され、生活者は適正な価格で不動産の取引がおこなえるようになる。

「生活者の不利益解消という正義を貫き、安心で豊かな暮らしの創造を目指します」という経営理念を胸に、「地盤革命」と「不動産革命」というふたつの革命を成し遂げ、今後も生活者の不利益解消に取り組んでいきたいと思う。

「地盤ネット」という社名の由来をたずねられることがあるので、話しておきたい。

「地盤」はもちろん、当社のビジネスの中心である「地盤」から名付けたものであり、「ネット」はインターネットやネットワークから名付けた。

「ネット」という言葉を使ったのは、地盤業界に根強く残っていた「経験と勘と度胸」といったアナログなビジネススタイルから脱皮したかったというのが理由だ。

もう一つは、「網（ネット）」という意味も込めたかったからである。セーフティー・ネットという言葉があるが、ネットには「まさかのときの受け皿」というイメージがあるのはないだろうか。

この書籍の出版を進めているとき、横浜でマンションが傾くという大きな事故が起こった。大手不動産会社と大手地盤会社が関係していて、データの偽装という問題が露呈したこともあり、社会問題にまで発展している。地盤ネットは、消費者と地盤会社の間の情報格差解消のために立ち上げた会社である。今回の問題を契機に情報格差解消に尽力し、住宅業界全体を透明性のあるマーケットに改革していきたいと思う。

地盤のセカンドオピニオンから始まった当社の事業は今や、地盤業界における「地盤革命」にとどまらず、住宅業界や不動産業界にも広がってきている。その先にあるのが「不動産のパラダイムシフト」、すなわち「不動産革命」であり、日本の国土強靭化である。

消費者のみなさんはもちろん、多くの心ある業界関係者のみなさんとともに、これからも挑戦を続けていきたいと思う。

最後に、この書籍を出版するにあたり、みなさまに御礼を伝えたいと思います。

この会社を想いを持って立ち上げて、走り続けて8期目を迎えます。株式を公開し、ここまで無我夢中で走ってきました。苦しく高い壁にぶち当たったときもありましたが、支えていただいたのは、すべてのお客様です。

補償をお届けしたビルダー様、そしてその先には、家族を思うお施主様が必ずいます。関連企業の方々の協力なくしてはもちろん進みません。

何より私を支えてくれた社員にも。

そして、出版に関わっていただいた方々。特に技術士の中村裕昭先生、アドバイスいつもありがとうございます。そして当社の加藤未希さん、横山芳春執行役員、最後まで本当にお疲れ様でした。

もちろん、いつも支えてくれた家族にも感謝しています。

私はずっと走ります。

本当に感謝致しております。

特に常日頃、お世話になっている企業様へは、おうかがいして直接、御礼を申し述べるべきですが、文面にてご容赦ください。

GOETHE Business Book
ゲーテビジネス新書
008

その土地を買ってはいけない
せっかくのマイホームを〝災害物件〟にしないために

二〇一五年十二月一日　第一刷発行

著者——山本強
発行人——見城徹
編集人——舘野晴彦
発行所——株式会社幻冬舎
〒一五一-〇〇五一　東京都渋谷区千駄ヶ谷四-九-七
電話——〇三-五四一一-六二六九（編集）
〇三-五四一一-六二二二（営業）
振替——〇〇一二〇-八-七六七六四三
ブックデザイン——松山裕一（UDM）
印刷・製本所——図書印刷株式会社

GENTOSHA

検印廃止

Printed in Japan ISBN978-4-344-99208-5 C0295

幻冬舎ホームページアドレス
http://www.gentosha.co.jp/
＊この本に関するご意見・ご感想をメールでお寄せいただく場合は、
comment@gentosha.co.jp まで。

著者略歴

山本 強 やまもとつよし

1966年、大阪府生まれ。証券会社、ハウスメーカーなどを経て、2008年に地盤解析専門会社、地盤ネット（現・地盤ネットホールディングス）を設立。代表取締役に就任。2012年に東証マザーズ上場。

地盤業界に革命を起こす異端児として注目を集めている。

2015年に40代からの起業を支援する「一般社団法人40'sエンジェル」を設立。